· 工匠精神与设计文化研究论丛 ·
方海　胡飞　主编

中国传统手工纸的设计应用

DESIGN AND APPLICATION OF CHINESE TRADITIONAL HANDMADE PAPER

钟周　著

中国建筑工业出版社

图书在版编目（CIP）数据

中国传统手工纸的设计应用 / 钟周著. — 北京：中国建筑工业出版社，2019.6
（工匠精神与设计文化研究论丛）
ISBN 978-7-112-23567-4

Ⅰ. ①中… Ⅱ. ①钟… Ⅲ. ①手工纸 — 工艺设计 — 中国 Ⅳ. ① TS766

中国版本图书馆CIP数据核字（2019）第061089号

本书立足于我国传统手工纸的现存状况，对我国贵州丹寨、杭州富阳、四川夹江、云南西双版纳、江西铅山、安徽泾县、广东四会、广西桂林、海南儋州等9个地方的传统手工纸进行了调研考察，系统地介绍了各自的发展状况。进而对各地手工纸的色彩和肌理进行了分析，对工艺变化引起的艺术效果进行了试验。最后重点研究传统手工纸在书画、书籍、灯饰、工艺品、包装等领域的艺术应用，以及其与我国经济、文化、社会的共存模式和提升其艺术价值的策略。本书能增加传统手工纸在现代社会中的角色与作用，使其被社会需要而得到更有效的保护；还能为我国艺术文化的发展增添新的思路和空间，探索新的内容与方向。本书适用于对设计文化、民间工艺感兴趣的专业人士与广大读者。

本书为2014年国家社科基金艺术学青年项目：隐晦与新生——中国民间手工纸的艺术应用研究（14CG133）的成果及广州市人文社会科学重点研究基地成果之一。

责任编辑：吴　佳　吴　绫　李东禧
责任校对：王　瑞

工匠精神与设计文化研究论丛
中国传统手工纸的设计应用
钟周　著
*
中国建筑工业出版社出版、发行（北京海淀三里河路9号）
各地新华书店、建筑书店经销
北京点击世代文化传媒有限公司制版
天津翔远印刷有限公司印刷
*
开本：787 × 1092毫米　1/16　印张：11½　字数：237千字
2019年6月第一版　2019年6月第一次印刷
定价：48.00元
ISBN 978-7-112-23567-4
（33823）

总序.

设计与工匠精神断想

从 19 世纪走到 20 世纪再到今天，人类生活在一个设计的时代，科技创意与工匠精神是这个时代的重要特征。今天的中国，从中央领导的报告到成千上万学者的论文，“设计”与“工匠精神”从来没有像现在这样频繁地出现。毫无疑问，中国已进入一个几乎是全民强调和关注“设计”和“工匠精神”的时代；但同样不可否认的是，我们的“强调”和“重视”的东西恰好是我们所缺失的东西。

中华民族曾经为人类文明贡献过最精美的设计和工艺，中国的工匠精神曾启发和激励过世界上许多国家和民族。然而，我们却在近现代落伍了。曾几何时，我们的文化先驱们开始睁眼看世界，开始学习“东洋”和“西洋”，经过百年奋斗，我们在诸多方面赶上世界发展的步伐，但中国的诸多设计产品依然有很大的提升空间。我们貌似“什么都有”，实际上却“什么都不精”。中国人发明了纸，但现代造纸工艺却是由芬兰人独执牛耳；中国人发明了漆器，但现代漆器的最高成就却多由日本人取得；中国人发明了瓷器，但在现代瓷器的生产和设计方面，东方的日本和韩国，西方的英国与荷兰等都在相当大的程度上超越中国……为什么会这样？中国现代设计到底缺失了什么？答案是：我们缺失了“设计”“科技创意”和“工匠精神”。而这些因素恰好是中华民族传统设计的精华元素，对这些中华民族古老的设计智慧，当我们视而不见的时候，西方人却在大量学习和吸收并最终转化为西方当代设计的成就。

诚然，中国自古就有伟大的历史传统，定期总结和整理国故是中华民族千万年来积淀的传统智慧。然而，我们长期关注的是以诗词字画为核心的“高端文化”，却无形中忽视了与我们衣食住行的日常生活息息相关的"设计文化"。亡羊补牢，为时未晚，现在，已经是我们真正认真地对待和研究中国传统设计文化的时候了。芬兰现代建筑大师布隆斯达特说过："如果你想得到最现代的，你必须关注最古老的"，如果我们回顾自19世纪末以来引领全球设计潮流的现代运动与流派，会发现它们都是源自对自身文化传统的关注和深入系统的研究，并且在对自身文化本体的研究和审视中加入时代的声音和艺术创意化的呼唤。

当我们谈到包豪斯，我们往往完全关注其引领全球的创意思维，从而忽视其深厚的传统基因。包豪斯在现代设计和建筑运动中的集大成贡献源自其对以欧洲为代表的传统文化的系统研究，尤其是源自英国并迅速扩展至欧洲大陆和美国的工艺美术运动，源自比利时和法国并随后在西班牙以及北欧诸国开花结果的新艺术运动,以及源自法国和捷克并波及全球的新装饰运动。有了这些深厚的文化根基，欧洲又陆续迎来法国立体派、荷兰风格派、意大利未来派、俄罗斯构成派等新科学思维引导下的艺术思潮，它们最终在格罗皮乌斯领导下汇集包豪斯，发展出建筑中的国际式和设计中的现代主义风格。伟大的包豪斯虽然只存在了14年，但其影响力是划时代的，尤其是包豪斯一大批灵魂人物如格罗皮乌斯、密斯、布劳耶尔和莫霍利·纳吉在包豪斯被希特勒关闭后都去了美国，从而在美国建立现代建筑与设计的新型中心，并影响全世界。

当人们开始对国际式的冷漠和现代主义风格的单调产生疑惑和疲倦时，北欧学派适时出现，老萨里宁和阿尔托在现代主义设计运动中的卓越贡献使得此北欧学派的成长得天独厚，与此同时，北欧四国的独特文化背景和历史脉络都为北欧四国现代设计"和而不同"提供了天然根基。各自设计文化的精彩纷呈为北欧学派注入了无穷活力，这其中以丹麦和芬兰尤为突出。丹麦历史悠久，视野宽阔，从而主动将世界各地的设计传统都视为丹麦设计的灵感源泉，丹麦学者对世界各民族的设计文化传统都进行过系统而深入的研究，从而为丹麦现代设计打下坚实的基础；芬兰自然条件独特，因此更注重生活本质的研究，由此引申对大自然的极度关注和以人为本的关联性思考，历史遗存的设计模式往往成为现代设计的出发点，材料与科技创新成为设计创意的推手。

意大利学派在第二次世界大战之后设计舞台上的异常突起更离不开其厚实的历史土壤。第二次世界大战中意大利的损失相对较少，城市重建工作远不像德国、英国那样繁重，从而使一大批优秀建筑师、设计师致力于各种细致入微的边缘设计，与此同时，意大利极其丰富的历史文化遗产给设计师提供无穷养分的同时也促进设计师们突破历史局限，从战前的未来派到战后的“后现代主义”思潮，其根本创新理念都来自意大利丰厚的历史遗存和文化积淀。当北欧设计注重大自然和人的关系时，意大利设计更强调设计创意的天马行空，而意大利历史悠久的传统工匠水准又能够将那些“天马行空”的构思以最高的工艺手法呈现，由此形成意大利现代设计的先锋与惊艳兼具的独特品质。意大利设计与艺术创新的井喷式发展也导致大量引领全球设计思潮的杂志的繁荣，创意与传播模式的互动为意大利现代设计增添一层神秘缥缈却又引人入胜的气息。

第二次世界大战后迅速崛起的另一重要设计学派是日本设计，其设计精神的核心则是民艺学和感性工学。日本大和民族最大的特点就是善于学习别人的长处并很快吸收转化成为自身的文化基因，日本在明治维新之前的一千多年主要以中国为师，但随着中国的衰落，日本将学习的目光转向欧美，其“脱亚入欧”的策略获得极大成功。然而，当大多数日本设计的人士都向欧美一边倒时，以柳宗悦为代表的一批设计先哲却重新发现了日本民间设计的独特美感，并拓展至对全球民间设计物品的关注、欣赏和收集，最终建立了影响深远的日本民艺学，其收藏的一万七千余件藏品不仅是日本民艺的全纪录，而且是日本民艺学的基石，鼓舞着一代又一代日本青年设计师，先后担任馆长的柳宗理和深泽直人都是将日本设计带入世界舞台最重要的设计师。日本民艺学的核心是工匠精神和健康诚实的生活态度，它们又转而成为日本感性工学的灵魂，以此为基础构建日本设计的大厦。

中国设计在改革开放的四十年中已有了长足的进步。遗憾的是，我们在设计领域的进步大都集中在“量”的方面，缺乏“质”的突破，从“中国制造”到“中国智造”和“中国创造”，我们任重而道远。一方面，我们追随和参与全球化信息化背景下的设计话题，即时关注开放设计、交叉学科、设计思维与信息系统、环境关系设计、设计行动主义、绿色设计与复杂性原则、文本观念与视觉传达、设计与艺匠的关联性、设计与企业文化、移情设计、社会创新与设计、渐进性创新与激进性创意、人际关系图形系统、交互产品与空间关系、设计中的身份诉求、新媒体设计潮流等；另一方面，我们应该时常停下匆忙的脚步，回头看看祖先留给我们的文化宝库，珍爱本民族优秀的传统文化，用科学的方法研究它们，最终能够全方位领会传统的设计智慧，为现代设计引路。

在过去的一个世纪，我国设计界的诸多前辈筚路蓝缕，开创了对中国传统建筑、传统设计、传统工艺的调研和学科建设，许多高校已成为我国传统工艺的研究中心。近二十年来，全国更多的高校投身于中国传统文化和民间工艺的研究中来，处于粤港澳大湾区核心地区的广东工业大学就是其中之一。广东工业大学的设计学科始于20世纪80年代，艺术与设计学院是世界艺术、设计与媒体院校联盟（Cumulus）成员，拥有“工业设计与创意产品”二级学科博士点和设计学一级学科硕士点、工业设计工程和艺术硕士专业学位点，形成本、硕、博完整的设计与艺术人才培养体系。学院一直秉持工匠精神，以“艺术与设计融合科技与产业”的办学理念，打造“深度国际化、广泛跨学科、产学研协同”的办学特色，培养具有高度社会责任感、全球视野、创新精神的设计与艺术人才。近年来，学院承担国家社会科学基金，国家自然科学基金，国家艺术基金，教育部、文化和旅游部、住房和城乡建设部项目等省级以上科研与教研项目逾百项，获得国家级精品资源共享课、广东省教育教学成果奖、广东省哲学社会科学优秀成果奖等多项教学科研成果。未来学院将走出一条更有特色的设计文化发展道路。

为了更深入挖掘中华民族的传统设计智慧，探索现代设计文化的精彩要义，推动设计学科向更广阔的领域发展，我们推出本套“工匠精神与设计文化研究论丛”，共包含四部学术专著。第一部是王娟教授的《二十世纪广东包装设计史》，系统阐述了从晚清、民国、中华人民共和国成立、“文化大革命”时期到改革开放几个历史阶段广东包装设计的发展演变过程和特征，重点对改革开放以来广东包装设计的发展脉络进行了较详尽的梳理和历史经验的总结，为丰富、完善我国近现代包装设计的理论研究，弘扬民族的包装设计发挥积极作用。第二部是钟周副教授的《中国传统手工纸的设计应用》，研究了我国民间手工纸在书画、书籍、灯饰、工艺品、包装等领域的应用方法，以及其与我国经济、文化、社会共存的模式和提升艺术价值的策略。第三部是丁诗瑶博士的《内蒙古中南部地区汉代炊煮器研究》，从多学科综合的视角对内蒙古中南部地区汉代炊煮器的设计属性、历史脉络和本体设计等方面展开研究，对由物到史、由史到境、由境到物的造物思想进行提炼。第四部是黄蓓老师的《广州历史文化遗产通草画》，以广州外销通草画为出发点进行深入研究，继承通草纸工艺的艺术特色，梳理中西文化交流的脉络，为传统民间手工纸艺术资源的复用和其他民间资源的承传提供借鉴作用。这四本专著从不同的角度和程度阐释了工匠精神与设计文化在新时代的表现形式与发展方向，在学科研究的路上留下了探索的足印与创新的成果，在设计文化的研究空间中将产生积极的回响。

“不忘初心，方得始终”。当前我国正大步向工业强国迈进，培育和弘扬严谨认真、精益求精的工匠精神具有重要意义。在东西文化大融合、新旧文化大交替的历史背景中，我们要深谙文化和设计的关系，立匠心、育匠人，勇于探索创新，在中华民族伟大复兴之路中贡献自己的力量，创造无愧于时代与人民的成果。

方海　胡飞

前言.

我国东汉年间蔡伦发明了捣浆造纸法，至今已经有 1900 多年的历史[1]。另据考古发现，早在蔡伦前的 200 多年中国就出现了植物纤维纸[2]。至南北朝时，我国又出现了活动竹帘捞浆设备，实现了批量生产。在这段历史长河中，我国造纸术从无到有，从粗到精，经历了漫长的发展和改良之路，凝聚了无数先辈的智慧和汗水。

纸是人类社会生活中的一种重要材料，是人类文明和历史得以记载、积累、传输和发展的重要物质条件。纸的诞生对世界文化和文明产生了巨大的影响[3]，在人类发展的历史上起着极为重要的作用。蔡伦造纸所用的原料、方法一直不断地得到延续、使用与改进。我国先辈们造纸所用的主要原料都是植物纤维，诸如木材、芦苇、竹子、麦秸、稻草、蔗渣、树皮等，其制浆造纸工艺符合现代造纸科学原理,迄今为止仍为人们所沿用[4]。随着纸张质量的提高和新品种的不断涌现，纸的应用已扩展到文化科学、日常生活、医疗卫生、商业、国防和工农业生产等各个领域。

1. 我国传统手工纸的研究现状

至今，先辈们发明并不断改进的古代造纸术在多个省市还得到完好保存。贵州省贞丰县以生产传统手工白绵纸著称，贵州省丹寨县石桥村亦有记载用树皮造古纸，浙江省富阳市更是造纸名城。另外，湖北省西北部荆山腹地、安徽省泾县小岭乡、陕西省长安县北张村、浙江省温州泽雅西一带、四川会理县云甸、广东四会、广西

[1] 《后汉书·宦官传·蔡伦》:“伦乃造意，用树肤、麻头及敝布、鱼网以为纸。元兴元年奏上之。帝善其能，自是莫不从用焉，故天下咸称‘蔡侯纸’”.

[2] 潘吉星 . 灞桥纸不是西汉植物纤维纸吗 [J]. 自然科学史研究 .1989 年 8 卷 4 期：第 361 页 .

[3] 刘仁庆 . 造纸术与纸文化 [J]. 湖北造纸 .2009 年第 3 期：第 44 页 .

[4] 戴家璋 . 中国造纸技术简史 [M]. 北京 . 中国轻工业出版社 .1994 年：第 35 页 .

龙胜、云南白族以及傣族等少数民族地区均有手工造纸的记录，并有多地的手工造纸术已经成为国家级非物质文化遗产，其价值得到广泛认可。

传统手工纸的产生与文化艺术有极大关系，目前国内外关于传统手工纸的研究多基于工艺学、历史学、考古学、地理学等。从艺术学、图像学、经济学的角度对中国传统造纸的质地、纹样、色彩、形态、文化、审美等艺术研究方面则较少。这与造纸在中国文化中应有的地位和影响力很不相称。手工纸在现代艺术设计中的应用具有广阔的前景，可以在民间工艺品、绘画、装裱、印刷、包装、书籍等多个领域中有其他材料所不能具备的质地与性能。但要让传统手工纸在设计中彰显艺术价值还有很多路要走，还要解决一系列如生产工艺、产品运输、环境卫生、设计应用、审美形态等问题，有待在研究中寻找解决方法。

2. 我国传统手工纸的研究意义

传统手工纸的艺术应用是一个崭新领域，它在探索新思路、形成新艺术体系等方面具有长远意义。本书通过田野考察、文献分析、实操应用等多种方法，详细研究了我国传统手工纸的现代艺术特征，分析了它们在书籍、广告、包装、工业产品等多个领域中的应用方法，研究了其艺术价值的实现路径和在艺术设计中的表现效果，探索了新的研究方向，为艺术文化的发展增添了新的思路和空间。

我国传统手工纸历史悠久，在现代社会中依然有重大的现实意义、适用范围及研究前景。本书能挖掘我国手工纸的社会价值和艺术价值，有助于引领现代文化，保护非物质文化遗产，提升我国的文化“软实力”。我们在其社会价值的研究中加入艺术内容能极大拓展空间，实现经济价值和艺术价值的双赢发展，在提升我国文化“软实力”中具有重大分量和促进作用。本书通过手工纸技艺的应用与传承，抛砖引玉，促进我国传统文化的发展，为经济、文化、社会建设添砖加瓦，在国家文化建设中发挥应有的作用。

目录

Contents

第3章

中国传统手工纸的艺术应用

第4章

中国传统手工纸与经济、文化、社会的共存模式

第5章

提升中国传统手工纸艺术价值的策略

第1章

我国各地传统手工纸的现存状况

我国的造纸技术始于1900多年前，是我国古代名闻天下的四大发明之一。[1] 虽然我国传统手工纸历史悠久，文化源远流长，但由于传统手工技术落后于现代科技，致使手工造纸术没有得到有力的传承，逐渐被世人淡忘。我国很多地方原来兴盛一时的手工造纸都在现代工业造纸技术的冲击下状态低微，纷纷停产，甚至有些地方的手工纸已经完全消失。

经过调研发现，我国传统手工纸在贵州省黔东南州丹寨县石桥村、浙江省富阳华宝斋、安徽省泾县中国宣纸集团公司、江西省铅山含珠实业有限公司、四川夹江大千造纸坊、云南西双版纳曼召村、广东四会邓村、广西桂林等多地还有一定的留存。笔者对他们展开了实地考察并进行了详细的记述。

1.1 贵州丹寨石桥手工纸的状况

丹寨石桥村隶属于贵州省，坐落在黔东南苗族侗族自治州丹寨县的北边，是个较为偏远的山村。石桥村的命名来自于横跨南皋河的一座天然石桥（图1-1），全村有200多户人家，其中大部分为苗族。目前手工造皮纸的技术在石桥村得到了较好的传承，这种源自远古的皮纸制作工艺，村中几乎人人都会。

丹寨皮纸是我国传统手工纸中的佼佼者，但制作丹寨皮纸需经过复杂的流程，在采集构树皮后还要经过水泡、蒸煮、漂洗、碎料、抄纸、烘纸等多个复杂的步骤。[2] 用这种方法制造出的丹寨皮纸纸面平整、颜色悦目、吸墨性好，并具有非常强的柔韧性，即使在水中完全浸泡也不易破损。更难得的是丹寨皮纸具有非常好的耐酸性和耐虫性，寿命有上千年之久，已被国家图书馆用作修补古籍文献的专用纸张，同时也被用于茅台酒的包装。此外丹寨皮纸还漂洋过海，远销世界40多个国家和地区，对世界文化的传播与发展起到了重要的作用。笔者于2015年5月亲自去到石桥探访手工纸的发展现状，了解石桥皮纸的历史并探索未来发展之路。

[1] 何蕾，朱炳帆．传统与现代：四会历史文化探源[J]．文化遗产，2009，7.

[2] 闫玥儿，俞宏坤，余辉．非物质文化遗产贵州丹寨古法造皮纸的织构性质研究[J]．复旦学报（自然科学版），2016，12.

图 1-1
贵州丹寨石桥村的天然石桥（左）
图 1-2
贵州丹寨的旅游景区建设状况（右）

1.1.1　贵州丹寨的发展状况

丹寨位于都柳江和清水江的上游，七个乡镇都具有丰富的民族文化和古朴而独特的民族风情，是贵州乃至全国民族文化中的精品。如锦鸡舞、芒筒芦笙舞、木鼓舞、板凳舞等都曾在省内外的文艺比赛中获得过最高奖项。在蜡染、手工造纸、剪纸、织锦、挑花、刺绣等民间工艺中也独秀一方。

丹寨的发展策略是打造中国西部“宜业、宜居、宜游”的绿色生态城市，全力保护和传承民族传统文化，建设生态观光农业、民族手工业，积极建设美丽乡村。目前，丹寨已经建有先进机械制造基地、AAAA 级风景区、旅游度假村，不但是附近县市农产品的主要供应基地，还是贵州省富有名气的民族文化旅游示范县（图 1-2）。

1.1.2　丹寨石桥的造纸状况

史料上并无清晰地记载丹寨传统手工纸的起源时间，丹寨县志及其他相关文献中也没有关于丹寨手工造纸的内容记录。目前仅能从《贵州省志——轻纺工业志》和《广顺州志》中获知部分信息，比如里面记载着丹寨皮纸的传承脉络为都匀皮纸，由长顺县白云镇的翁贵发展过去，而翁贵皮纸则起源于明代早中期或更早时候。[1]

以前石桥村的手工造纸是在村东头的天然溶洞中完成的，这个溶洞天然具有源源不断的清澈流水，使得狭小的洞穴成为理想的造纸工厂。这个天然的溶洞就是石桥黔山手工造纸专业合作社的专用造纸场所。石桥村的手工造纸术一直被村民们延续着，村中家家户户几乎都有自己的造纸作坊，包括石砌的水池、踩擔构皮树的对凹和用于烘纸的土炕都是每个造纸作坊的标配。据丹寨县统计，石桥村曾有露天煮甑 10 多口、泡料池 10 多口、造纸作坊 30 多间、抄纸槽和压水设备

[1]　冯雪琦 . 贵州丹寨古法造皮纸考察 [J]. 文物修复与研究，2014，7.

各40多个，是我国贵州传统手工纸中工序最完备、工具最齐全、规模最大的一处地方。

历史上石桥村由于地理位置较偏僻，交通不畅，以致出产的手工纸难以对外销售，只在本地自用，供本县的学子读书写字。造纸技艺也仅靠父子或师徒之间小范围流传，无法发扬光大。改革开放以后，机械化造纸逐渐取代手工造纸，在这种变化下，石桥村的家庭作坊式造纸受到巨大冲击。一部分家庭作坊不得不放弃旧业，外出打工，石桥村的手工造纸也由此走向衰落。直到1998年，石桥村的手工纸制作技艺被时任贵州省旅游局局长傅迎春偶然发现，才得以被社会关注，成为丹寨旅游的重要项目。[1] 如今石桥村的手工造纸作坊每天都以非物质文化遗产的身份，迎来大量慕名参观的游客，其中不乏来自美国、法国、意大利、日本、澳大利亚等世界各国的客人。[2] 南皋乡相关负责人介绍，石桥村手工纸每年给村民可带来800多万元的收益，比当地农作物的收益还多，是名副其实的经济支柱（图1-3）。

丹寨手工造纸工艺非常古老，已走过上千年，是珍贵的文化瑰宝。由这古老工艺生产出来的纸张风格独特。丹寨县现已将这一传统工艺文化列入旅游开发的重点项目，成为贵州省旅游资源中的一个亮点。贵州省自2004年开始投入2000多万元的资金对丹寨手工造纸工艺进行整理与保护，当中包括修缮民居建筑、兴建作坊、治理环境、改善旅游设施和人才引进等，着力于提升手工纸的质量与开发新的旅游商品，如把手工纸应用于贺卡、手提包、店面装饰等，带动村民增收致富。石桥村的手工造纸在2006年正式被确认为国家级非物质文化遗产，2009年又成功成为国家级非遗生产性保护基地。

1.1.3 丹寨造纸工艺及种类

造纸术的发明是炎黄子孙对世界文明的极大贡献。据古籍记载，我国早在汉代已开始使用树皮进行造纸，在《后汉书．蔡伦传》中便有“用树肤、麻头及敝布、渔网以为纸”的记录，可见我国造纸历史之悠久。史料中虽提及古时以树皮造纸，但未对树皮造纸的工艺进行详细记录，而丹寨石桥村手工造纸的工艺流程刚好弥补了史料的空缺，为树皮造纸提供了活版教材。

[1] 冯雪琦．贵州丹寨古法造皮纸考察[J]. 文物修复与研究，2014，7.

[2] 郭宁娜．贵州丹寨“古法造纸”重焕生机[J]. 科技视界，2011，11.

[1] 闫玥儿，俞宏坤，余辉．非物质文化遗产贵州丹寨古法造皮纸的织构性质研究 [J]. 复旦学报（自然科学版），2016，12.

丹寨皮纸的制作工序及其成品纸张的规格质量，比我国其他地方手工纸的工艺更为复杂和精良。丹寨石桥村造纸选用的构树皮纤维均匀紧密，柔韧性和光泽度好，吸水性强，用其进行造纸从选料到出纸一个流程下来最少需要一个半月，这比机械造纸要多耗费几倍的时长。在丹寨皮纸的制作过程中，首先要经过长时间的精细选料，然后把构树皮放在河里大概浸泡一个星期，使树皮软化并除去里面的果胶浆（图 1-4），接着再将泡好的树皮和生石灰混在一起放在锅炉里用大火蒸煮两天，在 100℃高温和石灰碱性条件下使构树皮中的木质素变为可溶性物质，便于与树皮中的纤维素分离。[1] 之后再经过 2 天 50℃ ~ 60℃之间的温火后将构树皮放在水里把石灰洗掉，接着用活水浸洗直至变为白色，然后才拿过来舂烂变成纸浆后开始抄纸。其中，若是制造白皮纸，还需在纸浆中添加“滑药”。“滑药”是从植物中提炼出来的造纸辅材，能供制作“滑药”的植物有岩杉树根、野棉花根、猕猴桃藤、滑树以及糯叶等。

石桥手工纸重视历史传统，并不断加强造纸技艺的传承与发展，天然的树皮和水资源又为其提供了独一无二的纸张品性。目前，经过历代技艺传承人的努力与创新，石桥村的手工纸已经告别单一产品的时代，开发了多种纸张，生产出了花草纸、书画纸、云龙纸、凹凸纸、皱纹纸等九大系列 100 多款纸张，其中较为出名且销量好的有白皮纸、花草纸、贵纸、迎春纸、彩色特种纸等，现分述如下。

1. 原始古朴的白皮纸

白皮纸是石桥村最原始的纸张品种，家家户户都能生产。白皮纸包括普通白皮纸与特色白皮纸两种，普通白皮纸主要给当地村民作包装用。特色白皮纸与普通白皮纸的区别是在白度、质感与润墨性等方面。两者相比较，特色白皮纸的白度更高，质感更平滑，润墨性更好，

图 1-3
贵州丹寨石桥村的造纸专业合作社（左）
图 1-4
贵州丹寨石桥村正在浸泡的构树皮（右）

因而特色白皮纸一直是最优选的书画用纸。20 世纪 40 年代，著名书画家徐悲鸿、傅抱石等就多次以石桥白皮纸为作画材料，特别是傅抱石在 1938 ~ 1946 年之间的水墨山水画使用的都是石桥村白皮纸，现在判断其是否赝品的重要方法就是检验纸张是否为石桥村的白皮纸。

2. 天然雅致的花纸

石桥花纸即用植物的花瓣或叶子和纸浆一起造的纸，可分为云龙纸、皱褶纸、压平纸、凹凸纸、花草纸、麻丝纸等六大系列，主要用作国内外某些工艺品的制作。花纸不仅形式多样，富有装饰性，而且天然雅致，具有非常好的美观性，是制作工艺品的上佳选择。其中，花草纸在众花纸中最具魅力，它最大限度地保存了花草的原始形态，纸品趣味盎然（图 1-5）。目前应运而生的石桥“体验式造纸”旅游项目就是主要体验花纸制作，受到广大游客的欢迎。

3. 彩色特种纸

这种纸的灵感源于苗族的蜡染，蜡染所选用的颜料全部都是从植物的汁液中提取出来的，不但没有污染，还具有其他染料所没有的色泽美。据调查，用天然材料染色的纸张唯石桥村独有。

4. 修复古籍的迎春纸

迎春纸是国家博物馆指定的古书籍修复专用纸，因为迎春纸纸张酸碱值是 7.8，这样的酸碱度可使纸张的保存年限达到约 1500 年之久 [1]。丹寨石桥村的迎春纸与日本的小仓纸是目前世界上仅有的适

[1] 顾静，薛媛 . 贵州丹寨石桥古法造纸技艺溯源 [J]. 兰台世界，2014，10.

图 1-5
贵州丹寨石桥村正在制作中的花纸

合古书籍修复的两款纸品。古书籍修复着重于修旧如旧，尽可能地还原古籍原有的面貌，另一方面还着重于纸品的保存时长。迎春纸有较好的延展性，能最大限度地与古籍原有材料深度融合，最大限度地实现古籍修复的“整旧如旧”。

5. 润墨优良的贵纸

石桥贵纸与白皮纸同出一源，是后来新开发的纸张，与白皮纸相比，贵纸的质地更加柔韧细致；与宣纸相比，贵纸在光泽与吸水性方面更胜一筹。当绘画时，墨汁在贵纸上自然分散，不像宣纸那么规则。石桥贵纸品质优良，可经受各种环境考验，把贵纸置于水中浸泡两天，取出晾干后还能完好如初。

1.1.4 丹寨手工纸的用途

丹寨石桥村手工造纸，由于技艺精湛，选材优良，因而出品的纸张纤维细密，结实耐拉，不易破损[1]。石桥村造纸选用的原料——构皮，兼备纤维细匀、坚韧、柔软、吸水性佳的天然优势。造出的皮纸得益于构皮纤维天然的优良韧性，结实耐拉，不易破损。在显微镜下，石桥手工纸的纤维交错排列，清晰可见。在这种特性下，石桥古纸具有丰富的用途，主要体现在以下 8 个方面：

1. 作书画纸使用

传统的白皮纸和国画纸都是作书画纸使用的，两者都色彩纯白、质感细腻柔韧，吸水性好，富于层次，过往常应用于蒙帖练字。传统白皮纸较适宜书画创作，而国画纸是较为高端的书画用纸（图 1-6）。

2. 作装裱纸使用

石桥手工纸具有优良的柔韧性和拉伸性，具备上好的装裱性能，因而市场一般作装裱材料应用于糊裱窗户等。糊裱窗户一般选用双层白皮纸，糊一次能使用 1 ~ 2 年，再配以装饰物，窗户会显得更加美观。

3. 作包装纸使用

丹寨皮纸在过去主要用于包裹食品以及其他日用品，如茶、糖等。后来随着新型包装材料的开发与普及，丹寨皮纸的包裹用途日渐减少。但近年来茶叶包装兴起，丹寨皮纸也以天然质朴的优势被应用于茶叶包装。

[1] 郭宁娜. 贵州丹寨“古法造纸”重焕生机 [J]. 科技视界，2011，11.

图 1-6
书画家在贵州丹寨石桥村试纸（展馆转拍）

4. 作清洁纸使用

可用于抹干净机器上的油污，不会有残留污渍。

5. 作捆绑纸使用

丹寨皮纸拉力大，将其裁小后，可用于捆钞及其他捆绑物。

6. 作刺绣纸使用

从前苗族女子进行刺绣时，会先用白皮纸规划图案，把画好图样的白皮纸粘在布面上，再依图施绣[1]。此外人们在缝制衣服、帽子、鞋等时也先用白皮纸做成模样，后照模样去做。

7. 作引线纸使用

以前人们家中煤油灯所用灯芯以及鞭炮所用的引线往往是由白皮纸经拧细后制成。

8. 作冥纸使用

冥纸是白皮纸当下的主要用途。每逢节日，当地人都用白皮纸进行祭祀，纸张的用度视家庭经济情况而为，一般在 100 ~ 300 张之间。

1.1.5 丹寨手工纸的发展

近两年来，丹寨石桥村的手工造纸已得到了较为良好的发展。据丹寨县的负责人介绍，石桥村手工造纸的发展有了新的模式，开始着

[1] 粟周榕，黄小海 . 去丹寨寻花问纸 [J]. 中华手工，2009，1.

力按保护非物质文化遗产的要求进行活化。为实现这个目标，石桥村创办了更多的造纸合作社，提升造纸专业水平，并按照自愿参与、民营民管的原则，由村民自己筹钱合资购买造纸所需的各种原料和专业的打浆造纸设备，研制新的纸张，用规模化的经营来对濒临失传的传统手工纸进行开发性的保护（图 1-7）。当地纸农希望对这项手工造纸技术有兴趣的投资者能够进行合作，共同将这项古老的技艺发扬光大。

值得一提的是，与丹寨相隔不到 300km 的位于贵阳市东北部新堡布依族乡境内的香纸沟，曾经是名动一时的手工纸制造基地，就连在贵阳街头随便问一个市民都知道香纸沟，但在本课题组实地考察时只剩下一个景区收费处的门口（图 1-8），里面是一片繁忙的建筑工地，问了很多当地人都说没人造纸了（图 1-9）。后来有一个老伯说大概 5km 远的一个村里还有一户人家造纸，但当我们驱车前往时也已经了无踪迹。

1.2　浙江杭州市富阳手工造纸状况

富阳古称富春，是浙江省杭州市辖下的一个区域，地处杭州西南。富阳是一座历史悠久的城市，至今已发展了 2200 多年，既是东吴大帝孙权的故里，也是晚唐诗人罗隐、现代文豪郁达夫的故乡，因

图 1-7
贵州丹寨石桥村对手工纸的规模化经营（左）
图 1-8
贵阳香纸沟的正门（右上）
图 1-9
贵阳香纸沟里面正在进行工程开发（右下）

而人文底蕴非常深厚。富阳于公元前 221 年设县，1994 年撤县设市，2014 年撤市设区。富阳素有“天下佳山水，古今推富春”的盛名，富春江是天下闻名的绝色江景，环绕富阳全境。同时，富阳地处丘陵，是一个“八山半水分半田”的半山区，是杭州“交通西进”“旅游西进”的第一站。天然的山景、水景让富阳出落成典型的江南山水城市，是文化旅游与休闲度假的胜地 [1]。

富阳是著名的纸乡，享有“造纸之乡”之名。富阳的手工造纸可溯源到 1900 多年的汉明帝时代，“京都状元富阳纸，十件元书考进士”，从一个侧面反映出富阳元书纸对人类文明的贡献。改革开放以后，富阳把造纸工业打造成本区的经济支柱，目前造纸工业已占全区工业总产值的 1/5。富阳以传统工艺带动造纸业的大力发展，如今区内的造纸从业人数达 5 万人，造纸产量超过全省的 1/3。

富阳传统纸品有竹料纸、草料纸、皮料纸三大类 50 多个品种，如元书纸、坑边纸、斗方、粗高、名糟、三顶、桑皮纸、绵纸、桃花纸、蚕种纸、雨伞纸等，薄如蝉翼，韧似纺绸，品多质优。

1.2.1　富阳手工造纸的历史源流

从汉代以来富阳就开始造纸，初时以桑根为原料，后来改用藤皮与楮皮作原料，这些原料制成的纸品统称皮纸。到东晋南北朝时期，富阳开始以嫩竹为原料生产土纸。唐代时期，富阳所产的黄白状纸为纸中精品。到了宋朝，富阳的造纸技术更加精进，已生产出三大名纸：元书纸、井纸和赤亭纸，这三大名纸是当时朝廷锦夹奏章和科举试卷的上品用纸，由优质原料精制而成，细密坚韧、质地光滑、远近闻名。清朝光绪年间的《富阳县志》有记载：“邑人率造纸为业，老小勤作，昼夜不休”，可见当时造纸的盛况 [2]。到了民国时期，由于原材料丰富，富阳手工纸产量大增，年销售额在百万元以上。

20 世纪以后，富阳造纸进入鼎盛期，一方面肩负着传承传统工艺的责任，继续传统特色纸品的生产，另一方面革新工艺，改良生产设备，在原料与工艺上进行调整，发展大规模的机械化生产，使富阳纸从单一的土纸生产中解放出来，发展为包装用纸、纺织用纸、医学用纸、生活用纸、军事用纸、烟花爆竹用纸等多个大类 100 多个品种。富阳纸品不

[1]　百度百科 https：//baike.bai.

[2]　富阳县志编纂委员会 . 富阳县志 [M]. 杭州：浙江人民出版社，1993，8.

但行销全国，还出口进入拉美、非洲和东南亚等国际市场，其中“京放纸”、“昌山纸”还在巴拿马万国商品博览会上获得二等奖；油纸、乌金纸、文书纸、桑皮纸在 1929 年举行的西湖博览会上获特等奖。

1999 年 7 月，富阳市政府批准设立了春江、大源、灵桥三个造纸工业园区。到了 2004 年，富阳市被认定为“中国白板纸基地”。富阳市政府为支持富阳纸业发展，已经成立专门的领导小组，为其落实相应的配套政策，因势利导地大力发展造纸产业。

1.2.2　富阳手工造纸的工艺技术

作为中国古代四大发明之一的造纸术，人们对其工艺技术的研究一直没有停过。从材料上看，两汉时期的纸大多数都以麻为原料，到蔡伦时代开始用树皮（主要是楮皮）进行造纸，而在唐代中叶开始有了竹纸。竹浆造纸是现代木浆造纸的先驱，为木浆造纸积累了经验和方法。从富阳泗州宋代造纸遗址可以窥见中国古代竹浆造纸精妙的工艺流程，其大概有 16 道工序，如砍竹、削竹、拷白、浸泡、腌料、煮料、漂洗、堆料、舂料、打浆、制纸药、抄纸、烘纸、分纸等。这些工序也可以概括为沤、煮、捣、抄、烘这五个主要部分，每个部分都有很高的技术含量，现分述如下。

（1）沤：沤即沤料，把采来的原料放入水池中浸泡，直到原料腐烂方捞出使用。每年春末小满之前，工人从山中砍来嫩竹，这些嫩竹要放入清水池中浸泡三个月之长。浸泡的过程，池水不需添加其他辅料，但也由于浸泡的时间较长，池水的气味较为难闻。三个月后工人将腐烂的竹料捞出，移到石灰池，浸泡于石灰水中继续发酵[1]。

（2）煮：沤好的原料，需要再进行蒸煮。工人在灶台上架上一口锅，在上面套上木桶，然后再将原料倒入桶中，用火煮沸八天八夜。蒸煮的过程需昼夜不断火，其间还需不断搅动。蒸煮完毕后，原料还需在桶中闷上一天，才能取出使用。

（3）捣：这是非常费力的工序，主要利用杠杆原理制成石碓或木碓，将原料碓舂成粉末状（图 1-10）。其过程就像捣年糕，一个工人用脚踩，一个工人用手翻动。原料捣完以后，需进行漂洗，这是制作高质量纸张的必需流程。

[1]　周安平 . 20 世纪 50 ~ 60 年代浙江省富阳县手工造纸业研究 [D]. 浙江财经学院，2013，1.

图 1-10
富阳华宝斋内的手工纸木碓实物（左）
图 1-11
富阳华宝斋内的抄纸槽（右）

（4）抄：先以木板或石板围成一个方形的水池，名曰抄纸槽。抄纸就是把纸浆放入抄纸槽中，兑入纸药，搅拌均匀后再以竹帘置于槽中捞纸，滤水后，留在竹帘上的便是成形的湿纸（图 1-11），然后再将纸帘反扣在纸架上纸张便堆放在一起了。之后还要用压纸装置把纸中的水分压掉。

（5）烘：烘纸要先用香糕砖砌成两堵空心墙，一头接烟囱，另一头烧柴火加热，流动的热气会使空心墙均匀受热，当墙面温度上升到 40℃左右时，再将湿纸分开贴在墙面上，墙壁的热量会使水蒸气挥发，当纸张干了后揭下来便可以使用了。

富阳当地用这种毛竹造纸工艺制成的元书纸和毛边纸久负盛名，其中元书纸在北宋真宗时期就已经被选作“御用文书纸”。因为皇帝在每月元日举行庙祭时都用该纸来书写祭文，故被称为元书纸。元书纸的表面非常光洁，色泽白净悦目，微含竹子清香，当着墨时不易发生渗散，用于写字作画的效果非常好。后来又因当时的大臣谢富春大力支持这种纸的生产，后人为了歌颂其功绩而称之为“谢公纸”或“谢公笺”。

1.2.3 富阳华宝斋手工造纸的状况

华宝斋地处于美丽的富春江畔，是一家有 30 年历史的纯文化产业集团公司（图 1-12）。华宝斋集造纸、制版、印刷、装订、出版、发行于一体，拥有杭州富阳古籍宣纸厂、杭州富阳古籍印刷厂、杭州富阳古籍印刷厂、华宝斋古籍书社、华宝斋书社（中国香港）有限公司、中国古代造纸印刷文化村等多家子公司。华宝斋目前是富阳手工纸制作方面的杰出代表，其中造纸印刷文化村整体上有仿宋建筑一条街，内有轱辘古井，榆树成荫，每幢房屋都是仿宋建筑，清一色的青砖白

图 1-12
富春江畔的华宝斋（左）
图 1-13
华宝斋内的宋代建筑风格（右）

墙黑筒瓦，置身其中仿佛回到千年前的文明古国。

造纸文化村中还配以造纸及印刷作坊给游客体验，活态展现了富阳造纸的工艺精华，让游客得以亲身体验从毛竹转化为一张纸的完整过程，真实再现了造纸与印刷术的精华，一方面增添了游客的游玩乐趣，获得良好的操作体验；另一方面还让游客丰富了知识，使只是粗略知道传统手工纸的当代人身临其境，如同回到了宋代的生活场景，能亲身体验具有近 2000 年历史的伟大科技发明。同时，游客还可在展览室中欣赏到各种仿古宣纸、罗纹纸、古籍封面纸、元书纸、冥纸以及山水画信笺等 90 多种手工纸，可以通过对比了解到各种纸张的精妙之处，并可购买古色古香的古籍书进行收藏（图 1-13）。[1]

1.2.4　富阳蔡家坞手工造纸的状况

富阳灵桥镇蔡家坞村是一片山灵水秀之地，山上长有茂盛的绿竹，伴有清泉流淌，是造纸的理想之地。蔡家坞全村共有山林面积近 1000 亩、土地 200 多亩（0.133km^2），共有 1200 多人。长久以来，蔡家坞村民利用自身的环境条件，以丰富的自然资源传承着传统的造纸手艺。村里到处可见造纸的遗迹，包括伐竹的古道、磨料的石碾、煮料的皮镬、浸料的漾滩等。不过因为种种原因，在我们团队去考察时，村里已经很少有人继续造纸了，只有 3 户人家还在断断续续地开展造纸工作（图 1-14）。

1.2.5　富阳手工纸的多种价值

由于现代书籍印刷主要用机制纸，富阳手工纸在现代生活中应用不多，但是其自身包含的历史和文化信息在现代社会中依然有着巨大的历史、文化、经济价值，发挥着它的作用，现分述如下。

[1]　刘松萍 . 旅游与科技的完美结合：富阳中国古代造纸印刷文化村的启示 [J]. 广州大学学报（社会科学版），2003，5.

图 1-14
灵桥镇蔡家坞村的零散泡料池

1. 历史价值

富阳手工纸已走过近 2000 年的历史,使富阳一直都有“土纸之乡”的称号。它一直传承着古老的造纸工艺，是“谢公笺”创始人谢景初的故乡，至今成为我国手工纸的重点产区之一。富阳手工纸中的竹纸和草纸，因其质地柔软、弹性好、品质佳，在全国久享盛誉。研究富阳手工纸的历史，对研究古代政治、文化、经济等社会发展有重要的意义。古籍中记载:“富阳一张纸，行销十八省”，可见富阳手工纸的发展历史与古时中国的各项社会面貌密切相连。

2. 文化价值

富阳纸的文化价值体现在它是我国书法、绘画、典籍文化传承必不可少的载体。我国传统的书法、绘画与富阳纸形成了相辅相成的关系，富阳纸以优良的品质成为我国传统书画的必要用纸。得益于富阳纸的应用与发展，我国许多珍贵的古籍也得到保存，至今以富阳纸制作的古籍有历史文献、佛教经典、文学小说、名人手札、中医古籍等线装古籍 3600 多种，18000 多册（图 1-15）。因而可以说，富阳纸的面世与发展，促进了人们文化素养的提升，让人们的思想得到记录与升华。[1]

3. 工艺价值

富阳造纸工艺，相对于大部分传统手工纸而言更为复杂，流程更多，而且每道工序的要求都很高。这样复杂精细的生产技艺是古时劳

[1] 刘松萍 . 旅游与科技的完美结合：富阳中国古代造纸印刷文化村的启示 [J]. 广州大学学报（社会科学版），2003，5.

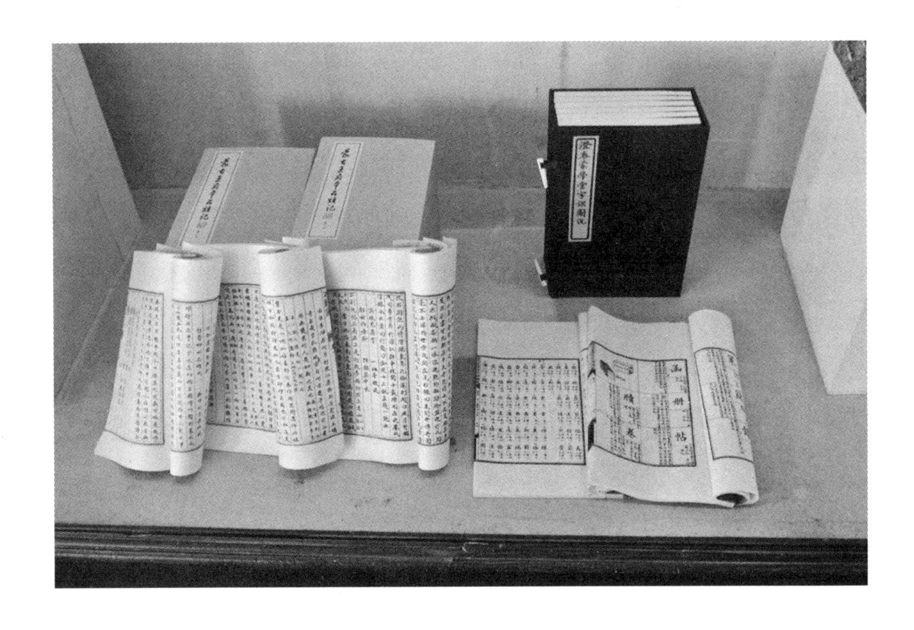

图 1-15
华宝斋内收藏的古籍

动人民的智慧结晶，具有较高的工艺研究价值。富阳造纸的传统手法非工业生产所能取代，是极为宝贵的工艺文化遗产。

4. 经济价值

一方面，富阳纸的生产销售可以实实在在地为富阳创造经济价值。另一方面，由于手工造纸的材料取自林业资源，因而富阳造纸的发展能够带动村民发展第一产业，从而实现经济整体发展。

5. 科普价值

中国古代手工艺蕴藏着丰富的科学知识，科技部门与旅游部门可充分利用古代的传统手工艺，把富阳造纸工艺置于旅游活动与科普教育中进行开发。如造纸印刷文化村为这一开发提供了很好的范本，其旅游开发模式，一方面增加了旅游乐趣，另一方面又具有较强的科普功能。[1]

1.2.6　富阳手工造纸的发展趋势

富阳造纸已走过近 2000 年的历史，造纸工业至今已成为富阳地区的主要产业。但目前，富阳造纸工业的经济效益不好，并呈快速下降的趋势。[2] 这是因为国内外经济环境在不断变化，富阳纸业的销售市场出现疲软，产品出现结构及阶段性的过剩，销售状况不好。同时，如何避免造纸废水直排至富春江中污染江水，保护居民的食水安全，是富阳所有造纸企业面临的环保压力。[3]

目前正是中国造纸行业发生重大历史变革的时代，在当前文化产

[1]　刘松萍 . 旅游与科技的完美结合：富阳中国古代造纸印刷文化村的启示 [J]. 广州大学学报（社会科学版），2003，5.

[2]　胡修靖 . 杭州市富阳区造纸行业的现状与未来——富阳造纸行业简要分析 [J]. 商，2015，2.

[3]　文心 . 富阳造纸工业遭遇行业升级冲击波 [J]. 造纸化学品，2006，3.

业大发展的形势下掌控正确的方向，无论对富阳现代造纸业的长远发展，还是对保护富阳传统手工造纸术都具有积极的意义。富阳的造纸业迫切需要变革,以适应时代的新形势和新需要。我们要在产业发展、技术改造、整合升级等一系列改革中发展富阳手工造纸产业，使这一优势传统产业随着政策扶持以及得天独厚的富春江自然资源恢复健康的发展态势，形成极具特色和强大生命力的产业集群。[1]

1.3 四川夹江手工造纸的状况

造纸术的面世，对于中国乃至全球文化的发展有着历史性的推动作用，同时也促进了中国书画艺术的繁荣。在我国现存的传统手工纸中有两个重要的品种，分别是用竹为原料的竹纸和以树皮为原料的皮纸，而夹江纸是以竹为原料进行手工生产的优秀代表，该产品质地纯白细密、纹理清晰、柔软均匀、绵韧而坚，深受历代文人墨客、书画名家所喜爱（图 1-16）。至今我们依然可以在博物馆中感受到这种制作工艺的魅力。

1.3.1 夹江手工造纸的概况

夹江位于四川省中部，居成昆铁路、成乐公路、成西公路之要冲，距乐山大佛约 30km，青衣江贯穿全境，史上称“首邑”[2]。夹江在汉朝始建为郡，曰南安郡，直至隋朝才更名为当下的“夹江”。夹江拥有优良的气候环境，竹林茂盛，还有千万条山溪清流，为手工造纸提供了取之不尽用之不竭的资源，使夹江素有“蜀纸之乡”的美称，是我国著名的“纸乡”之一。[3]1996 年，该县在城西的风景区——千佛岩投资 50 多万元建成了中国第一个手工造纸博物馆（图 1-17），以丰富的史料，独特的艺术手法系统展示了夹江竹纸的制作流程。[4]

夹江造纸历史悠久，其产品一直都是上乘之作，有“夹宣”之称。夹江所产的书画纸张质地柔和、洁白细腻、厚薄一致、吸墨性佳、日久如新、不变形色。夹江造纸品种众多，在“原纸”的基础上，又衍生出多种艺术加工纸，如水印工艺纸、暗花纸、登钱纸、黄皱纸、落水纸、松花纸、艺术棉纸和扎花纸等。每种纸都独具特色，其中暗花

[1] 葛彩虹．循环经济与传统产业的生态耦合性思考——以杭州富阳造纸产业为例 [J]. 山东行政学院学报，2016，4.

[2] 姚金金．夹江手工造纸技艺及其品牌形象研究 [D]. 四川师范大学，2016，6.

[3] 吴雅．故纸犹香——夹江手工纸的魅力 [J]. 美术大观，2013，6.

[4] 刘仁庆．参观“四川夹江手工造纸博物馆”散记 [J] 纸和造纸，1989，10.

图 1-16
夹江手工纸的区域分布（左）
图 1-17
夹江手工纸博物馆（右）

纸因纸张背面印刻精美花纹而得名；落水纸如同在纸张上洒落数滴雨水，留下错落有致，层次分明的痕迹；松花纸纸质柔软，呈现的纹理似薄如翼的蚕丝；艺术棉纸的特点在于纸张中植物纤维自然呈现，如翩翩起舞。扎花纸则在纸张中加工有颜色、图案，工艺繁杂，更像艺术纸张。这些纸张即使没有任何图形和文字，也都是艺术品。

目前夹江手工造纸技艺主要以家庭传承为主。近年来，夹江的年轻人与手工造纸传统日渐疏远，年轻人更喜欢外出打工，而不愿意在家里从事造纸工作。导致夹江当下鲜有年轻人懂得造纸技艺。在这种情况下，社会各部门和团体都在呼吁保护夹江手工造纸技艺，使其能够得到有效的传承。[1]

1.3.2 夹江手工造纸的历史

夹江手工造纸有着悠久的历史，当地人流传着“始于唐，继于宋，兴于明，盛于清”的说法。在唐玄宗时期，四川蜀纸大量运销长安，供内务府及皇室使用（图 1-18）。到了宋朝，竹纸发展加快，竹子逐渐取代楮皮、麻丝成为造纸的主要原料。竹纸也开始应用于书籍的印制。明代中期，人们大量用夹江手工纸进行木版书籍印刷以及书写文书和契约。另外，在宗教活动、民间美术、建筑装饰等诸多领域都能看到夹江手工纸的影子，此后直至清代都是夹江手工造纸业的兴盛时期。[2]

康熙初年，清政府下诏要求各地选送优质纸品至工部使用，夹江所送的“长帘文卷”和“方细土连”经康熙皇帝亲自试笔后被钦定为“文闱卷纸”和“宫廷用纸”。夹江纸从此名振全国，每年都要大量送达京城供科举考试和皇宫使用，其他地区的商人也都争先前来夹江贩卖夹江纸，夹江成为继安徽宣城以后，第二个获得“抄纸之乡”称号的地方。[3]

[1] 谢亚平．论传统手工技艺可持续发展的三种策略：以四川夹江手工造纸技艺为例 [J]. 生态经济（学术版），2014，2.

[2] 姚金金．夹江手工造纸技艺及其品牌形象研究 [D]. 四川师范大学，2016，6.

[3] 李贵华．浅论夹江手工造纸业的发展（下）[J]. 中国造纸，1989，5.

图 1-18
夹江手工纸博物馆内收藏的唐代入黄纸（左上）
图 1-19
抗战时期用夹江纸印制的报纸（右上）
图 1-20
夹江手工纸博物馆内大千纸坊（左下）

民国时期抗战爆发，其他被战火燃烧的地方无法造纸，夹江地区的造纸业得到空前发展，所造纸张供全国多地使用，各地的原料贩卖商、纸商、字画商也纷纷来夹江开展业务。夹江在这个时期不但造纸业得到发展，染纸、木版印刷、笔墨、年画等与纸相关的行业也得到一定程度的发展（图 1-19）。[1] 国画大师张大千先生也大量使用夹江竹纸进行绘画，并与夹江马村的纸农一起经过多次试验，研制出有名的“蜀笺”“莲花笺”“大风堂”等专用的书画纸，纸张轻盈，韧性极好，是上乘的书画纸（图 1-20）。“大千书画纸”是夹江人民为纪念大千先生的贡献，对其改造过的书画纸进行的命名。

近年来我国对传统文化与手工艺越发重视，保护传统手艺的政策陆续出台，手工造纸工艺逐渐得到恢复与发展。2006 年，夹江竹纸制作技艺成功列入国家级非物质文化遗产名录。2008 年，文化部又正式授予夹江县为“中国书画纸之乡”的称号。[2]

1.3.3 夹江手工造纸的工艺

清代以后，夹江手工造纸便以竹子为主要的造纸原料，当时的夹江手工造纸被概括为“砍其麻、去其青、渍其灰、煮以火、洗以水、舂以臼、抄以帘、刷以壁”八大工序。中华人民共和国成立时，夹江纸一度停产，直至我国改革开放以后，在政府的重视与保护政策下，夹江纸才逐渐恢复生产。夹江竹纸从原料采集开始，至辅料备制，到抄纸烘纸有 72 道工序之多，其中包括砍竹麻、脱青、捣竹子、上篁锅、洗灰、漂白、除砂、抄纸、榨纸、刷纸、上墙等工序（图 1-21），与明代《天工开物》中的记载极为吻合，但因所制作的纸品不同，工艺略有变替，现分述如下。

[1] 肖坤冰．论夹江传统手工造纸研究的学术价值及其现实意义 [J]. 中国造纸，2013，6.
[2] 孙琳．四川省夹江县传统手工竹纸调查研究 [D]. 西南大学 .2015，4.

图 1-21
夹江手工纸博物馆内展示的竹纸制作工艺（左）
图 1-22
夹江手工纸博物馆内展示的各种造纸原料（右）

1. 砍竹、运竹

手工造纸行业流传着一句古语：“纸的制造，首在于料”。可见，手工造纸对原料的选择非常严谨。夹江的竹子有较多的品种，而目前用于造纸的主要是白夹竹。白夹竹是一种生命力较为顽强的竹子，种活后无须料理即可生长，在砍伐时需掌握适当的时机。纸农中流传有“立夏前三天没有砍，立夏后三天砍不赢”的说法。一般嫩竹用于书画纸，过季的竹可造粗糙的“火纸”，即民间用于祭祀的纸。如果用竹料配合麦秸、桑皮做原料，就能造出韧性更高的纸品（图 1-22）。

2. 水沤、杀青

在民间又称“脱青”，脱青主要有两种方式，一种是削皮，一种是“水沤脱青”。“脱青”前先将长竹截成两至三节。用于制作书画用纸的竹料须削掉青皮，削皮后的白筒以光洁为佳。而“水沤脱青”是将竹放入池窖内浸泡一个月左右。竹皮浸泡至变黄后捶料去掉竹壳，捶料在户外进行，需要“天时与地利人和”才能完成，脱皮后将竹打成白坯即可进入下一道工序。

3. 蒸煮、发酵

具体步骤如下：将竹料放在清水中浸泡一个星期左右，再按比例将生石灰加入池窖中溶解。将待腌竹料分别置入石灰池中来回搅动，排出竹料中的气泡，使竹料沾满石灰水。最后把浸好的竹料拿出池窖进行蒸煮。蒸煮时竹料放置的顺序是老竹在底层，放满后用麻布包上、踩实。最后放水入锅，生火蒸煮六七天。待蒸煮的竹料温度稍降，几个人登上篁锅顶部，用长柄木杵捣松竹料，然后用铁耙把竹料从锅内钩出放置地上，安排两人捶打竹料去掉石灰。再用流动水清洗五至六遍，接着进行第二次蒸煮。第二次的蒸煮需在蒸煮过程中加入碱液，碱液的作用是分解竹纤维的胶质蛋白，软化竹料。整个蒸煮的过程大概耗时一个星期。然后放入有清水的石缸中打堆发酵一个月左右，最后漂洗干净。[1]

4. 制浆、抄纸

制浆时需要舂捣竹料，有两种方法，一是人工脚碓，二是电动石磨磨料，其目的都是舂碎竹料。人工脚碓的效率较低，但纸张韧性较好；机器磨料效率高，但会破坏竹料的细胞。竹料被打成泥状后还要进行漂白，又称“漂料”。将捣碎的竹泥用篮子在水缸中来回荡动两至三次，有的纸坊会加入漂白粉以便“脱色”。漂白纸浆后，加入纸药（又称为“滑水”），可使纸更平滑，并方便揭纸。搅拌纸浆后在纸槽静置一天，便可进行抄纸了。抄纸的主要设备是竹帘，其构件包括竹帘、帘床、吊架。抄纸的关键技术是“拍浪”和“荡帘”，“拍浪”是将竹帘放入纸浆中搅拌，让纸浆漂起；“荡帘”则是一项考验抄纸师手艺的工序，其轻微的动作都会影响到纸张的质量。一方面，纸张的厚度是由“荡帘”所用力度的轻重决定的：荡轻了纸会变薄；荡重了纸会变厚。第二，纸张纤维的分散与排列状况全凭纸帘水流的缓急和方向而定。这些细微的动作技巧，只能让抄纸师在操作中凭借悟性与经验去把握。夹江一些技艺高超的造纸师傅可以连抄数百张厚薄、纤维排列等完全一致的纸张。

5. 揭纸、烘焙

对抄好的湿纸要进行压榨脱水，该工序是先将纸放置在压榨机上，纸面上覆盖竹笆板，然后将压榨机上的“千斤顶”置于竹笆板上，装上杠杆，后端套绳索。绳索连接压榨机前的滚轮，滚轮可插上短木棍，转动“转盘”后可缩短绳索，千斤顶往下施力，挤压出湿纸中的水。压榨后需静放一天，让水分继续缓缓流干。压榨后的湿纸，还需“揭纸焙干”。夹江烘焙纸是在室内进行，室内的“火墙”不受天气的影响，可防止纸被风吹破。[2] 这项工作强度不大，但需要心细手巧，有耐心，否则一不小心就容易将纸揭破而前功尽弃。因而夹江地区揭纸的步骤一般交由家中的妇女或老人来负责。

6. 打包、出售

首先检查纸张中是否有破损、厚薄不均匀等其他次品，把这些纸张挑出来，再将质量好的纸张整齐排放成每百张为一刀。叠放好后，

[1][2] 吴雅．故纸犹香——夹江手工纸的魅力 [J]. 美术大观，2013，6.

用大刀裁切整齐。最后将纸张按不同的规格要求进行打包，打包后即可出售。

1.3.4　夹江手工造纸的功用

作为中国的四大发明之一，纸在中国社会发展和人类文明的传播中发挥着重要的作用。纸张出现后，以其低廉的价格和轻便的质地，不仅在书写上代替了竹帛的使用，而且在家庭装饰、民俗礼仪、生活娱乐等其他诸多领域发挥着重要作用。近代以来，尽管机器造纸日益普及，传统手工纸的使用规模和应用领域逐渐缩小，但其作为中国传统文化的一种物质载体，在很多方面仍然具有不可替代的作用。

夹江自明代以来累计手工纸有 86 个品牌、130 多个花色样纸（图 1-23）。随着纸制品日益发展，手工竹纸的功用也更加丰富，结合印刷、包装等技术在物质生活和精神领域扮演着重要角色，在世界的纸品市场上占有重要地位。[1]

1. 书画用纸

夹江传统手工竹纸最重要的用途就是作为书写材料，是传统书法与绘画艺术的重要载体，是人与人之间交流的重要媒介之一。夹江手工竹纸始终保留着古法制作工艺，具有纸质细腻、厚薄一致、手感绵软、易于受墨等特点，且纸张拉力强、浸润性好，不容易起皱，在进行拓裱时不起澄、不起毛、不断裂，纸型舒展美观，同时还能够保存

[1]　孙琳 . 四川省夹江县传统手工竹纸调查研究 [D]. 西南大学 .2015，4.

图 1-23
夹江手工纸博物馆内陈列的装饰纸

较长时间（一般达 200 多年），适宜书法、绘画创作。夹江竹纸无论在产量、种类、质量上都比四川省其他地区的纸要好（图 1-24）。

2. 印刷用纸

在机器印刷普及之前，夹江手工竹纸是四川省重要的印刷材料。清末四川设立官书局，先后刻印了《史记》、《汉书》、《三国志》、《唐诗选》、《文选》、《蜀典》等上百种传世文献，它们所选用的纸张大多是产自夹江的手工竹纸。1931 年云南设立通志馆，历时 13 年编纂完成 266 卷的《新纂云南通志》，在当时机制纸成为印刷业主要用纸的情况下，该书指定以夹江手工竹纸为印刷材料。现藏于云南省图书馆等单位的该书铅印本纸质仍然色泽如新。除了官府和书院刻印之外，不少私人和民间书商亦用夹江手工竹纸印制书籍。[1]

3. 民俗礼仪用纸

与夹江盛产手工竹纸有密切关联的另一项民俗技艺就是同样被列为国家级非物质文化遗产的夹江年画，它通过巧妙的搭配将富丽的色彩凸显于纸上，生动地带来古朴的美感。此外夹江竹纸还作为冥纸使用。在夹江，冥纸又称为“神猪纸”，一般质地粗糙厚重的纸张就用于祭祀等活动。每逢清明节、中元节及过年之时，人们都要前往先祖墓前焚烧纸钱等物。尽管目前冥衣、冥裤等祭祀用品基本已改用价

[1] 孙琳 . 四川省夹江县传统手工竹纸调查研究 [D]. 西南大学，2015，4.

图 1-24
夹江手工纸博物馆内陈列的丰富品种

格较为低廉的机制纸代替，但用于焚烧的冥纸却仍然多用手工竹纸制作。这可能与人们的民俗习惯和传统心理有关，觉得手工纸能更好地在冥府通行，被逝者所接收，成为沟通神与人的情感符号，而且它比光滑的机制纸更能表达生者对逝者的哀思之情。[1]

1.3.5　夹江手工造纸的问题

夹江手工纸技艺作为国家重要的非物质文化遗产有几百年的历史了，多年来一直是当地农民的主要经济来源。但近年来因为造纸水污染的问题严重，村民对造纸有一定的抵触，加上纸张产品的机械性能不如机制纸以及价格较高等因素，夹江手工纸的生产与销售全面受挫，几乎全部停产。如果任由这种情况继续发展，我们曾经辉煌的手工纸技艺就面临失传了，将对夹江传统文化带来极大的损失（图 1-25）。[2] 夹江手工纸存在的主要问题有以下几点。

1. 环境污染严重，生产成本高。

夹江造纸所用的纸浆大部分采用烧碱法蒸煮、次氯酸盐漂白的方法，会对环境造成一定的污染。而且各造纸作坊分散生产，污染源较多，污水收集处理的费用较大，治理较难。因此这些污水基本上是直接排放出去，对水体及周边环境带来的危害很大。环境污染导致技术改革与传统技艺发展停滞不前。[3] 另外，夹江自古以来以嫩竹为造纸原料，但自 20 世纪 60 年代开始，人们的过度砍伐让大面积的竹林遭到破坏，原料短缺。且因为水土的变化，白夹竹和水竹等品种目前在夹江很难栽种，部分地区只能采用龙须草或干慈竹等较差的材料替代，如果外购造纸原料，运输和人力成本的提高又会影响纸张的销售。

2. 缺乏现代管理，劳动生产率低。

夹江手工纸的生产长期处于一个农户原始生产的水平，生产设备落后，也没有专业的科研机构和专职的营销部门，没有统一的质量标准，也没有标准执行的监督协调机构，最终影响到了书画纸的分类、分级与分等，限制了市场的发展，难以形成高水平的产业化，生产效率跟不上现代机制纸的发展速度。总的来说，夹江手工纸是封闭式的自然生产，缺乏科学、先进的管理技术（图 1-26）。[4] 另外，由于当地农户资金短缺，也没有经过专业技术培训，对材料、设备、工艺一

[1]　孙琳 . 四川省夹江县传统手工竹纸调查研究 [D]. 西南大学，2015，4.
[2]　杨玲，李文俊 . 夹江大千书画纸生产及其研究进展 [J]. 黑龙江造纸，2010，9.
[3]　姚金金 . 夹江手工造纸技艺及其品牌形象研究 [D]. 四川师范大学，2016，6.
[4]　李贵华 . 浅论夹江手工造纸业的发展 _ 下 [J]. 中国造纸，1989，5.

图 1-25
夹江马村乡金华村破败的造纸作坊（左）
图 1-26
夹江马村乡金华村的凌乱沤料场（右）

知半解，不具备优化程序，提高效率的能力，从而影响了书画纸的产量和质量。[1]

3. 品牌意识不够，营销方式落后。

目前夹江手工纸虽然有一定的名气，但没有形成品牌效应，导致优秀的纸品沦为一般的书画练习用纸。另外，还有一些商贩把优质夹江手工纸冒充安徽宣纸出售，市场秩序混乱，致使夹江书画纸无法树立良好的品牌形象。在营销方面，夹江手工纸的生产者就是销售者，销售渠道也大多为零散的销售点，销售方式落后，缺乏现代化的商业运作模式，而且供销无保障，售后服务差。总体来说，夹江手工纸在现代市场竞争中没有拓展国内外市场，扩大竞争优势的能力。[2]

4. 没有文化挖掘，技艺濒临失传。

传统文化遗产是在一定的社会条件下产生创造出来的，与特定的生产力水平相适应。[3] 夹江传统手工造纸业的基本传承方式是单一的“口传耳授”的家族传承模式。没有进行传统文化的挖掘和科学的教育培训，致使掌握传统手工造纸工艺的人数急剧减少，而且艺人老龄化的情况也非常严重，一方面是他们的创新思维和创造能力有限，难以适应新技术的开发与应用，无法让传统文化转化为经济资源。另外也难以形成科学系统的文化发展与技艺传承系统，致使造纸技艺面临断代的风险。[4]

1.4 云南傣族手工皮纸的现存状况

云南位于中国西南边陲，全省共有 26 个民族，少数民族约占总人口的 1/3，是中国少有的多民族省份。由于历史原因，云南各民族

[1] 杨玲，李文俊 . 夹江大千书画纸生产及其研究进展 [J]. 黑龙江造纸，2010，9.
[2] 姚金金 . 夹江手工造纸技艺及其品牌形象研究 [D]. 四川师范大学，2016，6.
[3] 孙琳 . 四川省夹江县传统手工竹纸调查研究 [D]. 西南大学，2015，4.
[4] 姚金金 . 夹江手工造纸技艺及其品牌形象研究 [D]. 四川师范大学，2016，6.

的发展状况极不平衡，经济文化水平有很大差异，甚至有些民族在新中国成立初期尚没有文字，仍用结绳、刻木等原始的方式来记事。因为文化发展的需要，一般文化比较先进的民族都需要有造纸的技术。据不完全统计，云南除汉族外，还有彝、白、纳西、傣、哈尼、苗、瑶、壮族等 8 个少数民族约 30 个村寨还在从事手工造纸活动，分布范围较广，部分已经成为省级非物质文化遗产（图 1-27）。在这么小的范围内，有这么多的民族用不同的传统工艺从事同一行业生产，相互都保存着自己的特色，这在我国乃至全世界都非常少见。

云南的手工造纸术是由外地传进来的，起始年份比中原地区晚一些，但造纸技术的发展程度并不比中原低。而且由于云南具有独特的地理优势和丰富的民族文化环境，古老的造纸技艺在这里有更好的发展形势，形成不同层次、不同特色的造纸文化。截至目前，在云南多处还完整地保存着抄纸和浇纸这两个完全不同的造纸方法。

1.4.1　云南各民族手工造纸的发展现状

近年来，由于省内各有关部门和单位的高度重视和大力扶持，云南各民族手工造纸技艺的保护取得了很大的进展。例如，成立于 1995 年的云南省生物多样性和传统知识研究会在 2002 年启动了由荷兰发展组织联盟（ICCO）资助的“手工造纸项目”，出版了《云南民族手工造纸地图》一书，并于 2005 年 10 月在昆明与云南民族博物馆、云南省油画学会、云南少数民族传统造纸艺术文化交流中心等单位一起联合主办了云南少数民族手工造纸艺术品设计大赛，并对作品进行展览，唤起社会各界对民族手工造纸艺术的关注，促进手工纸在新的时代中寻找自身的经济与文化定位。

云南少数民族手工造纸与泰国、缅甸、老挝、越南、柬埔寨等东南亚国家的手工造纸在历史渊源、生产方法上有许多相同点，云南手工纸因此成为与这些国家交流与合作的一条纽带。2005 年，云南省博物馆与云南文化遗产研究中心在美国洛克菲勒基金会的资助下，召开了“湄公河区域国家手工造纸国际学术研讨会”，会上展现了云南民族手工造纸在历史、文化、经济上的重要价值（图 1-28）。2006 年 9 月，大理学院举行“第八届中国少数民族科技史国际会议暨首届

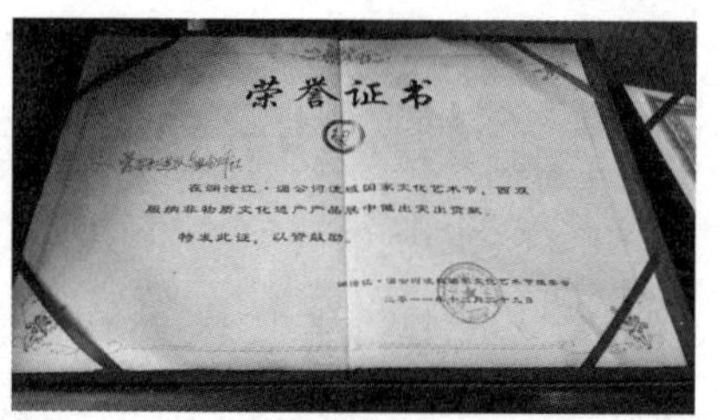

图 1-27
成为云南省级非遗的传统手工造纸技艺（左）
图 1-28
澜沧江 · 湄公河流域国家文化艺术节（右）

中国传统工艺论坛”，与西部到会各省的手工纸艺人、学者、设计师进行了充分的交流，为云南民族手工造纸的发展获取了宝贵的建议。2008 年 2 月，云南艺术学院出版的《云南特色民间工艺》一书，专门阐述了少数民族手工造纸的状况与特色。2011 年又召开澜沧江 · 湄公河流域国家文化艺术节，对促进我国文化遗产的保护和传承起着积极的作用。

1.4.2 云南曼召村手工纸制作状况调查

曼召村是云南省西双版纳勐海县勐混镇曼扫村民委员会的一个村民小组，位于勐混镇北部，距离镇政府和车站约 3km，距离最近的集贸市场 4km（图 1-29）。全村共拥有耕地有效灌溉面积 1000 多亩。村中海拔高度约 1200m，年平均气温 18℃，年降水量约 1300mm，比较适宜种植水稻、茶叶、甘蔗、亚麻等农作物。全村依山而建，村前几十米处有流沙河奔流而过，国道与河水紧密并行。村旁还有一条南开河，流向为勐海方向，从东南至西北，水资源丰富，村后山上修有一座小型水库，是全村生活使用和农田灌溉的重要水源。

根据《曼召自然村 2013 调查表》，当时村中人均纯收入约为 6000 多元，农村经济总收入 900 多万元，种植业的收益最高，占全村经济总收入的一半以上，以粮食、甘蔗、茶叶等收入为主。造纸手工业在全村经济总收入中占有主要地位，2013 曼召村中已有 170 多户左右的村民掌握了传统手工造纸技术，并成立了造纸管理合作社和文化传播有限公司（图 1-30），该年全村依靠造纸所得的收入约为 260 万元。2010 年，曼召村被列为“全省文化惠民示范村”，在“文化富民”、“文化育民”、“文化乐民”等方面较为突出。

曼召村手工造纸技术历史悠久，闻名于西双版纳地区，其所造的构皮纸具有透气通风，驱蚊虫，不易腐蚀和撕破等特点。傣族构皮纸

图 1-29
课题主持人实地考察曼召村手工纸
图 1-30
曼召造纸管理合作社及文化传播公司

在过去主要是供寺庙里写经书之用，或者在民间祭祀时扎牛马、孝亭、俑人等。近年来才被画家用作工笔重彩画的画纸，还用于制纸伞、孔明灯、普洱茶饼包装等。普洱茶饼对包装纸的要求很高，要求韧性与透气性都非常好，勐海茶厂最先使用这种用浇纸的方法造出来的绵纸进行茶叶包装，后来其他茶叶厂也跟着使用，至今已形成一种产业形态。2017 年 7 月，笔者调查走访西双版纳州勐海县勐混镇曼召村，在调查中我们发现该村是傣族传统手工造纸保存较为完好，规模较大的村寨。在与村民们聊天时获悉，他们对本地手工造纸技术开始的年代已无法知晓，只知道祖辈都在佛教活动中使用手工纸。大概在 20 世纪 80 年代，曼召村几乎家家户户都造纸，后来由于过度砍伐，造纸原料构树皮急剧减少，造成供不应求，造纸的人家少了许多。近年来，随着普洱茶市场的走俏，茶叶包装纸的需求量逐渐加大，造纸原料的进口渠道增多，促进了普洱茶饼包装用的手工白棉纸的生产与销售，曼召村的手工造纸找到了新的市场，又逐渐兴盛起来，成为该村的一项特色产业（图 1-31）。

1.4.3　云南曼召村手工纸制作工艺介绍

曼召的造纸过程至今还流传着 5 步流程和 11 道工序的说法。

5 步流程即浸泡、蒸煮、捣浆、浇纸、晒纸。

11 道工序即采料、晒料、浸泡、拌灰、蒸煮、洗涤、捣浆、浇纸、晒纸、砑光、揭纸。在村中，我们去到曼召傣纸文化传播有限公司，参观了构树皮纸的制作过程。

1. 采集原料

构树的傣语音读为“美沙”。以前树皮都在附近的山上取，村落中也有好多棵树，取树皮时用小刀去除黑皮。取回树皮后先晒干，村民在砍伐构树的时候，也注意保留一部分嫩枝继续生长，以备来年的需要，这种行为也是一种自发的、无意识的保护生态的做法。现在主要是从外面购买原料，由于是远近闻名的造纸村，有很多专门贩卖树皮的人会向村民出售晒干的树皮（图 1-32）。[1]

[1] 李忠峪 . 基于手工造纸的云南少数民族历史档案材料耐久性研究 [D]. 云南大学，2012，6.

2. 浸泡原料

树皮晒干之后要先用水浸泡几天，直到其全部变软为止。

3. 煮原料

用大铁锅将树皮煮上一天一夜，燃料是用山上砍的木柴。

4. 洗涤

煮好的树皮需要清洗，用手拣出粗糙的杂质及残余黑皮，拣出来的材料一般不丢掉，可以留着做成比较粗糙的茶叶包装纸，或纸环保袋。

图 1-31
曼召村绵纸所做的茶叶包装盒

图 1-32
曼召村购买的造纸原料

5. 机器打料

洗涤后需打碎材料，以前是用人力和木质工具，很费时间。现在村里各家各户都在造纸，对原料的需求量很大，于是大家都购买机器，专门用来打碎原料，提高了生产效率。

6. 制浆

将打碎的原料放入水池中制作纸浆。村民用自制的工具搅动水池，使原料分布均匀。这些工具就是木质或铁质的长棍子，棍子一头打一些交错的孔，孔中以和棍子垂直的方向插入筷子，筷子分布的方向也都不一样。

7. 抄纸或浇纸

在当地，抄纸法和浇纸法并存，在我们调查的所有村寨中，这点最为独特。开始抄纸时，用一个纱帘在制浆池中搅动，均匀地抄起一些树皮纤维，形成一张纸。曼召村抄纸的都是妇女，男人主要是帮助加工原料和揭纸。当地抄出的纸有两种：一种比较薄，是茶叶厂定做的茶叶包装纸；另一种比较厚的就专供佛寺写经书之用。每抄一张纸，就用一个纱帘，纸取下以后，纱帘即可重复使用。纱帘外框是木制，中间是纱布，纱帘内部尺寸和抄出的纸尺寸一样大小。一个人一天大约可做 200 张纸。此处用的纱布是现代工业生产的类似于塑料的细纱布，还有不同的颜色，白色或蓝色。浇纸法是用挑出来有杂质的原料，淋在纱帘上形成较厚的纸张，一般做包装用的厚纸。

8. 干燥

做出的纸连同纸帘一起在阳光下晒干，村子里到处可见各色纱帘立于路边晒纸，别有一番风景（图 1-33）。一般有太阳的晴天，村民就做纸，晒纸一般半天即干。

9. 研光

纸晒得半干时，拿一个小碗，轻轻地在纸上转圈打磨，研光纸面。

10. 揭纸

晒干后，人们用一个竹片或木片，轻轻挑起纸的一角，慢慢将整张纸揭下来，一边揭一边折叠放好。

曼召的造纸方法跟过去有了很大的改变。第一，原料采集方面，以前是村民自己采集原料，但是现在该村造纸业很发达，很多村民从

图 1-33
曼召村的晒纸现场

外面购买原料。第二，加工原料的环节，现在使用机器打浆，能更快速地得到细致的树皮纤维，省略了浸泡树皮的过程。第三，以前村民都使用浇纸法造纸，人需要蹲坐于坑边操作，10 分钟才能造出一张纸，非常耗费体力和时间，现在绝大多数村民采用抄纸法，用水泥砌起了新的抄纸池，人的操作变得更为方便，也大大提高了生产效率。

1.4.4　云南曼召村手工纸的质地与用途

用构树皮制作的纸张在云南民间有多种称呼，如“白绵纸”、“构树皮纸”、“褚皮纸”、“毛边纸”、“皮纸”等，这种纸张最突出的特征是都使用构树皮为原料，这类纸张质地与宣纸非常接近。在质地方面，傣族手工纸有非常好的柔韧性和透气性，抗拉强度也比普通的棉纸强，而且还能长久保留构树的木香味，最重要的是不易长虫和发霉，适合书籍和包装，在历经几百年后还能使用（图 1-34）。[1]

曼召制作的手工纸很受欢迎，景洪、勐腊的一些寺庙的和尚都来买纸写经，当地每个村寨都有一个小型佛寺，村民每家盖新房或者婚丧嫁娶，都到寺中请佛爷，为其用老傣文书写一本经书，并在仪式上诵念，仪式结束后，各家的长者都会细心保存好经书，流传给后代。此外，傣族很多历史档案也用构树皮纸书写成，汉族、白族、彝族、壮族、傣族、藏族、水族、普米族等众多在云南生息的民族都使用这种纸张，给后人留下了大量的纸质历史档案。另外，一些傣族姑娘用的纸伞、灯笼等也是用曼召纸制成的。

[1]　王诗文 . 云南民族手工造纸的现状与发展前景 [C] 2009 首届中日韩造纸史学术研讨会 .

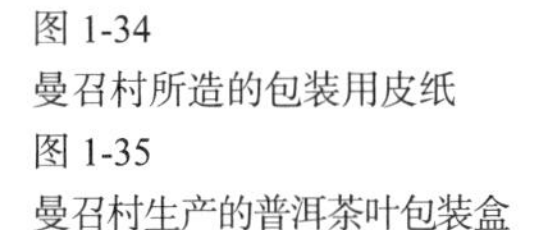
图 1-34
曼召村所造的包装用皮纸
图 1-35
曼召村生产的普洱茶叶包装盒

近来，随着茶产业的兴旺，包装茶叶的手工纸需求量很大，现在曼召全村男女老少都参与手工造纸活动，出售手工纸是家庭重要收入之一（图 1-35）。目前，全村在造纸中的年产值已超过 200 万元，成为全镇村民人均收入最高的村寨，村民们因此生活水平普遍较高。由此可见，傣族构皮纸的经济价值不容忽视。

1.5　江西铅山连四纸的现存状况

铅山县属于江西省上饶市，其境内山峰起伏，多条河流贯穿其中，水土保持良好，植被覆盖率高（图 1-36）。铅山盛产造纸所用的毛竹，有得天独厚的造纸条件，铅山所产的“连四纸”名扬海内外，是古代造纸工艺的杰出代表。铅山在后汉时期就开始造纸了，到元代时已名满天下。《蜀笺谱》中记录：连二连三连四是使用抄纸帘的各种方法，而连四是其中最好的方法，故称连四纸。也有传说连四纸是由福建省邵武市连姓兄弟二人经过多年精心研制而成，因他们在家排行老三、老四而得名。

铅山至今还流传着“铅山唯纸利天下”的说法。千百年来，铅山连四纸工艺讲究，品质上乘，产量巨大，在国内具有很大的影响力。明代高濂所著《遵生八笺》称铅山纸是元代时期“妍妙辉光，皆世称也”的精妙之作。明代宋应星所著的《天工开物》也有多处记载了铅山造纸状况，对铅山纸中的连四纸和柬纸给予了相当高的评价。中国著名历史学家翦伯赞先生在《中国史纲要》中称铅山县为明代江南五大最有特色的手工业中心之一。2006 年铅山连四纸被国务院列入第一批国家级非物质文化遗产名录。[1]

[1]　石礼雄．传承中的思考——传统连四纸制作技艺浅析 [J]. 华东纸业，2011，10.

1.5.1 铅山连四纸的制作工艺

连四纸是铅山县一直引以为豪的传统手工产品，生产过程全部是手工操作，工艺复杂，概括起来有竹料泡制、纸浆漂白、抄纸烘干等70多道工序，时间要花费一年有余，从始至终都贯彻“精工细作”四个字，十分考究。铅山连四纸在制造过程中的技术关键有三点：一是水质讲究，在纸浆的冲、浸、漂、洗等工艺中所用的水都是当地山泉水，不能有任何工业污染；二是配药，药系采用水卵虫树制成；三是抄纸经验，要经过多年实践才能造出厚薄均匀、性能优异的纸张来。铅山连四纸的制作工艺概括来说有以下四步。

1. 纸料制作部分

铅山因地貌特征自古盛产毛竹、水竹、苦竹、斑竹、棕竹、箸竹等十多种竹子，为手工造纸带来了源源不断的材料。造连四纸的用材主要是毛竹的嫩竹竿，其砍伐时间非常讲究，要在立夏左右刚长出几片芽叶时砍伐取用，砍下来后堆放一段时间阴干，再使用堆浸法，淋水，发酵两个月，然后停止淋水在自然日晒下继续发酵，一段时间后又重新淋水。当充分发酵后再把竹壳剥掉，对竹丝进行洗晒，用石灰水浸泡，之后再槌打竹丝，然后再重新用石灰浸泡发酵，接着就放到王锅中蒸煮，出锅后再漂塘冲洗，最后做成料饼（图1-37）。

2. 纸料漂白工序

连四纸的传统工艺是采用天然漂白的方法，不用任何化学添加剂，只利用空气中的臭氧和日光进行漂白，不但保护了环境，还很好地保持了纸张较好的耐久性和洁白度，是真正可持续发展的绿色环保产品。漂白的具体程序是先将黄色的料饼摆放到山坡的矮灌木上，保证上下通风，任由日晒雨淋，一般要两个月左右，中途需翻动一次，纸料会逐渐变白，反复几次后可得到白料饼。

图1-36
江西铅山的地貌
图1-37
铅山造纸的竹料饼

3. 制浆抄纸工序

纸料经过几个月日晒雨淋自然漂白后放入准备好的池子里搅拌洗浆，经过滤网将泥浆排净，再加入一种叫滑根水的纸药，这是一种起凝固作用的植物液体。然后的“抄纸”是造纸的关键，抄纸要用到一种用极细的竹丝编制而成的帘，抄纸师傅用抄纸帘搅动纸浆槽中的水，纸纤维便均匀地落到帘子上，当帘子被提起时，水便滤掉了，只剩下薄薄的一层纸浆膜，然后把纸帘覆盖在纸架上便完成这个工序（图 1-38）。连四纸抄纸手法非常讲究“软劲”，用力要巧、要匀，才能造出优质的纸张。这对于一个初学造纸的人来说，需要 2 ~ 3 年才能掌握抄纸的精妙手法。

4. 松纸焙纸工序

松纸就是把粘连在一起的纸坯分开，这也是一道非常讲究技巧的重要工序。松纸时用力要慢要匀称，防止纸张被撕破。之后再把纸在焙炉的墙上烘干（图 1-39）。最后就是整理纸张，进库待用。

连四纸的制作技艺虽然传统，但每一道工序都蕴藏着深刻的科学道理，且自然天成，各个工艺之间衔接巧妙，自成体系，很难用现代技术完全替代。这种造纸技艺是无数造纸师傅的智慧结晶，十分珍贵。连四纸制作全程不使用化学药品，毛竹的废弃物也可用于造纸的燃烧煮水，使毛竹的每个部分都物尽其用，真正体现了绿色环保。但连四纸和中国许多的传统的民间技艺一样，全凭手工经验驾驭，对人的依赖性极高，没有科学的技术指标，产品质量波动较大。且单靠师傅口口相传，很容易造成某些技术的失传。

1.5.2　铅山连四纸的质地与用途

连四纸在我国手工纸当中的制作过程是较为复杂的，所造纸张质

图 1-38
铅山手工纸的抄纸槽（左）
图 1-39
铅山手工纸的烘纸墙（右）

薄均匀、绵密细嫩、细腻光滑、洁白萦辉。连四纸在书写时着墨鲜明、吸水易干，几百年都不会变色，且还能防虫耐热，可以算是中国传统手工纸的杰出代表。我国明、清两代的书画名家和文人骚客如果能得到皇帝御赐的正品连四纸，则成为荣膺乡里的大事。许多官员与富商也将连四纸当做互赠的礼品。到了清朝道光年间，铅山连四纸年产量20多万担。直至20世纪80年代，连四纸仍然是北京荣宝斋、上海朵云轩等著名单位的指定用纸，同时还出口到日本、韩国、东南亚等地，在世界文化的传播中具有重要作用。

连四纸作为高档文化用纸历来为宫廷用纸，书写、图画均宜，在碑拓、金石篆刻、印谱艺术中的效果最佳。也被经常用于线装印刷、修复古书、印谱、信笺、扇面、装裱等。同时还用于书写印稿、拓边款、钤印及书画创作，是篆刻爱好者必备之物，得到很多书画家、鉴藏家的欣赏。[1] 连四纸的大量使用，对继承和传播中华文明有极大的作用。元代以后很多经典名著就是使用连四纸印制，许多字画、印谱和拓本等也在连四纸中得到传世，用连四纸印刷的书都非常清晰悦目，如明代的《十七史》以及《四库全书珍本初集》等都是用连四纸印制的珍本（图1-40）。在现代社会中，连四纸依然是修复或印制名贵古籍的最好材料。

铅山连四纸作为我国工艺文化的结晶，具有不凡的影响力，先后与国家图书馆、浙江省图书馆、西泠印社等多家机构签订了产品专供

[1] 石礼雄.传承中的思考——传统连四纸制作技艺浅析[J].华东纸业，2011，10.

图1-40
用铅山连四纸印制的书籍

协议，成为古籍修复的专用纸张。连四纸在21世纪的今天和以后相当长的一段时间内都依然具有极大的使用价值，在某些特定的领域甚至是不可替代的。

1.5.3　江西含珠公司的造纸情况

江西省含珠实业有限公司在连四纸技艺传承方面具有很好的代表性，其位于铅山县城西的工业园区中，共占地2万平方米。含珠公司以文化产品推广为主要的业务，在地方传统文化产品的加工销售方面具有龙头地位，拥有近亿资产。2006年6月，就在国务院把连四纸制作技艺定为国家级非物质文化遗产后，含珠公司就敏锐地觉察到连四纸将迎来发展的机遇，毅然在连四纸的原产地——天柱山乡浆源村建“千寿纸坊”（图1-41），并与当地老师傅、杭州西泠印社、上海复旦大学文博系合作，共同进行技术研发，最终于2008年开办连四纸厂，2010年又在铅山县工业园区用30亩土地新建厂房5000平方米，将抄纸、焙纸、包纸等工序都完整地搬进了园区。经过近两年的努力后，含珠公司终于完全恢复了铅山连四纸72道古法工序，使连四纸在停顿多年后重获新生。

因为机制纸几乎完全占领了市场，连四纸在人们日常生活中的使用率不高，但在高端的书画市场、古籍修复及礼品用纸等方面获得人们的青睐，在细分市场中颇具潜力，目前所生产的纸品成为国家图书馆、杭州西泠印社等国内大型文博单位使用。[1]2010年4月，公司申请了企业标准Q/HZSY001-2010赣饶企标备案注册Y169-2010，并获质检部门通过。2011年4月，文化部非遗司的专家们专程来到铅山考察了千寿纸坊，给予高度的评价，并将其列入国家非遗生产性保护示范基地。2011年8月，江西省文化厅又将铅山连四纸的传统制作技艺向联合国申报列入非物质文化遗产名录。

公司还在工厂建立了连四纸制作技艺传习所，通过2000多平方米的制作技艺展示厅让人们方便地了解连四纸制作技艺的整个过程。公司还通过收购散落在民间的连四纸原始生产工具，如青麻石纸槽、石碓、榨纸设备等，并用大量的图片、文字、声像、视频来辅助展示连四纸制作技艺，让学习者能快速掌握基本的造纸方法。含珠公司的连四纸

[1]　石礼雄．传承中的思考——传统连四纸制作技艺浅析[J].华东纸业，2011，10.

图 1-41
天柱山乡姜源村（左）
图 1-42
江西含珠实业有限公司大门（右）

技艺传习所也因此成为江西省首批国家级非遗生产性保护基地的佼佼者（图 1-42）。期间，铅山连四纸还获得文化部颁发的“首届国家级非遗博览会展品奖铜奖”和非遗技艺展演集体一等奖，非遗传承成绩显著。

但在当今社会，经济效益决定一切，对非遗保护具有一定的观念影响，而且非遗保护具有复杂性，所需资金巨大，收益甚微，因此要传承历史文化，振兴传统技艺，单靠企业是难以承担这个重任的。[1] 据闻，目前含珠公司的资金链已经断裂，员工的工资都已停发多月，原本有 60 多名熟练的纸工，都已经陆续离职。在笔者现场考察时仅能看到 20 多人在造纸，公司的运行已经快到瘫痪的边缘了，探索有效的非遗保护政策与方式依然任重道远。

1.5.4 石塘镇手工纸的造纸情况

石塘镇位于铅山县东南 40 公里外的山区盆地中，那里是武夷山北麓，山清水秀、绿树成荫、气候宜人，人们生活休闲，民间一直来都有“武夷山下小苏州”的称号，也被誉为“中国明清建筑博物馆”，是江西省著名的历史文化名镇。相传五代时（公元 907-960 年）镇北有方塘十口，名十塘，后谐音为石塘。石塘镇最早是在南唐保大 11 年（公元 953 年）设镇，距今已经有 1000 多年的历史。镇上保存着大量特色明显的明清时期古建筑以及多处革命遗址，并有多姿多彩的民俗风情，是中国最有特色的江南古镇之一（图 1-43）。

石塘镇的手工造纸业是在元代时兴起的，到明代时已经发展成远近闻名的手工造纸中心和买卖集散地，也是铅山县最大的农村圩镇之一。明代石塘镇的纸厂槽户有 40 多家，从业者不下 800 人，当时的石塘镇年产纸量近 20 万担，是当时铅山的三大造纸中心，也是我国资本主义生产形态的最早萌芽地。石塘镇街道上的纸行占地很广，几

[1] 石礼雄 . 传承中的思考——传统连四纸制作技艺浅析 [J]. 华东纸业，2011，1

十米长的老街两侧都曾经是旧纸行的院墙，均为砖石结构，体现出古风古貌的气息。

在地理条件上看，石塘镇的丘陵非常多，植被茂盛，漫山遍野都是造纸所用的竹子，各种做纸药用的植物随处可见，更难得的是丰富的水资源为制料抄纸提供了便利的条件（图 1-44）。就是这些得天独厚的自然环境成就了石塘这个曾经的造纸王国。石塘出产的手工纸曾达到 20 多个品种，如“上关”“毛边”“毛六”“毛八”等都享誉全国。石塘镇所生产的纸张全部以白嫩竹丝为原料，纸质极佳，明清时曾被誉为“品重洛阳”的绝世佳品，一时引得各地纸商和文化名人都云集石塘，给石塘纸业带来空前的繁荣。石塘最出名的是关山纸，民间流传的“药不过樟树不灵，纸不到石塘不行”一说主要就是形容关山纸。当时上饶等周边产的纸都要打上石塘的商号印销路才好。

但时过境迁，现在石塘镇已经没人造纸了，造纸的所有技艺都只有在改成“连四纸博物馆”的昭武会馆内才能看到（图 1-45）。在这个破败的会馆中，各类展品也缺少维护，也许再过几年，这个展馆也会被遗弃（图 1-46）。

1.5.5　铅山连四纸的发展现状

目前因机制纸冲击，纸价不断下跌，还有传承人不断老去、流失等诸多因素的影响，铅山连四纸的生产量逐年减少，除了江西含珠实

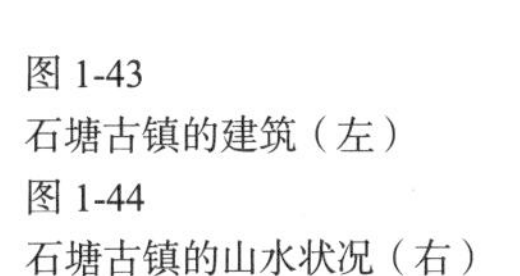

图 1-43
石塘古镇的建筑（左）
图 1-44
石塘古镇的山水状况（右）

图 1-45
古老的昭武会馆（左）
图 1-46
昭武会馆内破败的展品（右）

业有限公司还在坚守阵地外，连四纸的生产在铅山几乎陷入全面绝迹，在连四纸的祖籍地浆源村，最后一个纸槽也停止生产多时，连四纸的保护与开发面临前所未有的挑战。[1] 主要原因有以下几点。

1. 时代快速向前发展，无人愿意从事该项工作。

连四纸在历史上有着举足轻重的地位，但是随着科技发展与时代进步，人们越来越多地使用高科技通信手段，纸的使用量越来越少。此外，随着改革开放，国内外交流越来越密切，绝大部分现代人特别是青少年对传统书法绘画失去了兴趣，书画纸市场空间小，从业收入低，越来越少的人愿意从事这门古老的手工技艺。目前，掌握连四纸制作技艺的人数极少，老一辈连四纸的技工师傅平均年龄在 60 ~ 80 岁之间，人才断层是一个十分严峻的问题。

政府和企业要高度重视对现有技术人员的造纸技艺培训，要联合当地的专业技术学校或设有相关专业的大学联合定向培养企业技术人才和高级技术工人。通过提供奖学金和未来就业安排等优厚条件，吸引优秀青年加入这一宝贵的非物质文化遗产的传承和保护中来，加强对技术接班人的培养。[2]

2. 传统技术劳动强度大，技艺传承困难。

连四纸的制作技法是铅山历代造纸工人集体智慧的结晶，具有非常珍贵的历史意义。但是连四纸的制作工序非常复杂（图 1-47），对环境和原料的依赖程度很高，难以进行现代机械化的大规模生产，也不利于进行研发改造，难以产生较高的经济效益。连四纸制作技艺仅靠口传心授，不易迅速推广。之前也有很多从事连四纸生产的企业，但绝大部分的企业规模较小，甚至只是家庭作坊，制造工艺水平与造纸质量参差不齐，在现代经济与技术环境下很难进行有效的技术创新和市场开发，因此要大规模地发展与传承造纸技艺比较困难。

这种高成本的生产方式和工艺条件既有它科学的合理性，也存在需要改进和创新的方面。我们可以对每一道工序用现代科技手段进行科学的分析总结，使其数据化，规范化。尝试在保留连四纸优质品性的前提下，借鉴并引入部分合适的现代造纸技术，改善工艺条件，提高工作效率，降低成本。同时还要根据市场的需要开发出多种不同质量层次的纸品，才能改变市场“曲高和寡”的局面。

[1] 石礼雄. 传承中的思考——传统连四纸制作技艺浅析 [J]. 华东纸业，2011，10.
[2] 李友鸿，刘佩芝. 关于连四纸保护与开发的战略思考 [J]. 上饶师范学院学报，2015，8.

连四纸制作工艺流程表

序号	工艺流程	序号	工艺流程
01	砍嫩竹——将要生枝叶的嫩竹砍断。	27	摆晒"初煎"——摆洗，晾晒。
02	竹竿堂山——散放的嫩竹竿，阴干水分。	28	允栏——拆散"初煎"料。
03	赶山——集中散放阴干的嫩竹竿。	29	抽料——用6尺长的木棒槌打竹料，使其软化。
04	断条——将竹条截成5、6尺的条段。	30	松料——松散抽过的竹料。
05	叠塘——竹条码放在山均有泉水处，竹管引水冲没	31	做料饼——将料做成饼状，此时颜色呈黄色，故称"黄饼"
06	漂塘——竹条放入清水塘，山水源源流入浸漂着。	32	漂黄饼——将黄饼摊置在野外山地罩木头上，日晒雨淋，自然漂[illegible]
07	洗漆竹丝——剥竹壳（竹青），如[illegible]的竹瓤。	33	拣复煎饼——将黄饼上黏附的杂物拣去，此时称"复煎饼"
08	晾晒竹丝——竹丝一排排搭挂着晾晒。	34	过"复煎饼"——用碱与方法同过"初煎"。
09	踩竹丝缸——用脚踩软竹丝。	35	烧楻锅火
10	浆渍竹丝——一层竹丝一层石灰叠置塘内，注水。	36	出"复煎"锅
11	霉塘——竹丝码放堆叠在料塘。	37	拉水
12	槌竹丝——在石砧用木槌槌竹丝。	38	漂"复煎饼"——第2次上山自然漂白。
13	摆料——在清水塘摆洗竹丝。	39	拣"白饼"——此时，料饼颜色变白，故称"白饼"，[illegible]
14	晒料——竹丝一排排搭挂着晾晒。	40	拍饼——拍去"白饼"上的灰尘。
15	浆"灰清"——把石灰洒入竹丝中，注水搅拌。	41	过"白煎锅"——第4次入锅。
16	装"灰清"锅——大楻锅中装入"灰清"。	42	出"白料"
17	烧楻锅火——点火烧楻锅。	43	拣"水料"——[illegible]"水料"，拣出未漂白的红筋、砂石、[illegible]
18	出锅——挑入漂塘，注入清水。	44	打料——用碓（碾）将料捣烂，并用脚将水料踩开。
19	摆"灰清"摆洗，再次摆洗。	45	洗浆——用6尺长的包浆布，像洗豆浆般的洗料，而后用净水[illegible]
20	摆清塘——多次摆洗，洗净竹丝。	46	放大槽——把洗浆后的纸料放入大槽耘开，纤维均匀[illegible]
21	晒料——晾晒，柔软如面条的竹丝——"初煎"料。	47	放"纸药"——纸药（[illegible]）入槽，[illegible]
22	过"初煎"——用碱水（木碱或竹碱）浸入"初煎"料，料碱比100:5	48	抄纸（抄纸）——量度（2.8×3.2尺），2人操作，[illegible]
23	烧楻锅火	49	榨纸——用木榨床压榨叠成板的湿纸
24	作漂塘——竹梢垫入塘底。	50	焙干——[illegible]
25	出"初煎"锅——出锅，逐层叠置"初煎"料。	51	[illegible]——整理已焙干的纸，剔除破损，[illegible]
26	拉水——在塘底注入清水，使料吸入。	52	[illegible]——[illegible]张1刀，2刀为1块，[illegible]

图 1-47
石塘镇昭武会馆内介绍的 52 步造纸工序

3. 公众意识缺乏，政府扶持力度不够。

今天社会的发展速度非常快，人们的注意力都在高科技上面，对连四纸的认识不够，连四纸缺少了大众知名度，限制了其大规模出产。[1] 虽然地方政府也给予了一定的资金扶持，但由于连四纸生产初期基础设施建设投入大，生产周期长，流动资金占用多，投入回报率相对较低，传承保护投入负担重，迄今尚无多少利润效益，长此以往，难以为继。

要让公众对连四纸有较深的认识，我们必须要坚持传统手工艺，要在现代高科技发展的同时抵御诱惑，持之以恒地在市场经济中守住民间造纸技艺不失传。这不是靠哪一个企业或个人能承担的，必须要政府扶持，要与研究院、企业、个人一起合作，有计划、有步骤地提升连四纸制作技艺的理论，有针对性地提高研发力量，增强企业的竞争力和创新能力。[2] 同时加大宣传力度，争取成为造纸业驰名品牌。

4. 配套设施不完善，文化旅游资源未开发。

铅山所在的上饶市有三清山、圭峰等有名自然旅游胜地，也有 9 项省级以上的非物质文化遗产。但这些传统文化在地方旅游开发中的作用尚未发挥，基础配套设施也未跟上，对连四纸的开发未营造出良好的发展氛围（图 1-48）。

我们要将自然旅游资源与文化遗产相结合，联合其他非物质文化

[1]　李友鸿，刘佩芝 . 关于连四纸保护与开发的战略思考 [J]. 上饶师范学院学报，2015，8.

[2]　石礼雄 . 传承中的思考——传统连四纸制作技艺浅析 [J]. 华东纸业，2011，10.

遗产打造一条自然旅游和文化旅游相结合的独特旅游线路。建立可以供游客参观体验的连四纸工艺展厅和连四纸制作体验区，吸引古籍出版、造纸、文化研究等专业人士的关注和游客的兴趣。还可以寓教于乐，让游客尝试自己制作这一传奇的纸品，更好地了解纸张的形成过程，提高游客们对传统技艺的兴趣和重视。

1.6 安徽泾县宣纸的现存状况

中国传统手工纸根据所用原料的不同大致可以分为皮纸、麻纸、藤纸、竹纸等，我国安徽泾县的宣纸是中国传统皮纸生产技术发展的高峰。[1] 宣纸以沙田稻草和青檀皮为原料，利用泾县特有的山泉水，按照传统的工艺与配方精制而成。宣纸是公认的最好手工纸之一，具有柔韧洁白、纹理丰富、润墨性强等诸多优点，并有独特的润滑、耐老、防虫等性能，能保持上千年的时间，成为最能体现中国传统技艺精髓的书画纸，历来都有“纸中之王”“千年寿纸”等众多美誉（图 1-49）。

近些年来，不仅有造纸界、纸史界的学者，而且还有考古学、艺术学、历史学、民俗学等学科的专家都投入了不少的时间和精力进行研究，队伍日渐扩大。他们从不同角度选取不同的课题，越来越丰富、越来越深化宣纸的研究成果。[2]

[1] 方晓阳．安徽泾县“千年古宣”宣纸制作工艺调查研究 [J]. 北京印刷学院学报，2008，12.

[2] 刘仁庆．如何实现宣纸的中国梦——为宣纸的科学发展建言献策 [J]. 纸和造纸，2014，8.

1.6.1 安徽泾县宣纸的历史源流

泾县是隶属于安徽省宣城市西部的一个富有特色的地方，古代称为猷州，历史悠久。泾县处于长江中下游平原与皖南山区的交接地带，其特产相当多，是闻名全国的宣纸之乡、绿茶之乡和木梳之乡，是中国最具投资潜力的特色县之一。宣纸是我国传统手工纸的杰出代表，

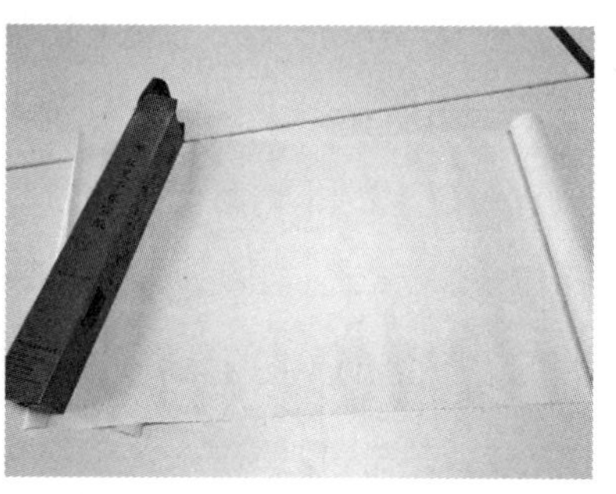

图 1-48
天柱山上尚未开发的古茶园（左）
图 1-49
红星牌手卷宣纸（右）

是中国古代书籍、绘画的必备材料。据史料称，宣纸“始于唐代、产于泾县”，因唐代时期的泾县位于宣州辖地，因而泾县的手工纸取名为宣纸。宣纸至今已有1500多年的历史了，2002年，安徽泾县被国家确定为宣纸的原产地。

关于宣纸的来由，据说是在公元121年蔡伦死后，他有个叫孔丹的弟子流落到皖南一带继续以造纸为业，他为了造出一种优质的纸给蔡伦画像和修谱，用青檀树皮经过反复的试验终于成功造出了一种质地更好的纸张，这就是宣纸的由来。到了明代，经过不断改进后，宣纸的制造技术以及宣纸的加工工艺日趋精湛。[1] 明代学者吴景旭在《历代诗话》中有言：“宣纸至薄能坚，至厚能腻，笺色古光，文藻精细……”。清朝乾隆年间的《小岭曹氏族谱》序言中提到，宋末曹大三因避战乱逃至泾县小岭，以制宣纸为业，传至今天已有30余代（图1-50）。[2] 曹氏一族是泾县宣纸的主要生产者，直到近代才流传到外姓人那里。民国时期随着文化产业的发展，宣纸的生产规模也日益扩大，对外的影响力与日俱增。1911年泾县“鸿记”牌宣纸曾在

[1] 刘仁庆．宣纸成功入选联合国“非遗”[J]. 湖北造纸，2009，12.

[2] 吴世新．小岭青檀溪水傍曹氏宣纸天下扬＿泾县小岭宣纸历代成名记[J]. 中华纸业，2011，9.

图1-50
宣纸博物馆内展示的曹大三介绍

南洋国际劝业会上获得“超等文凭奖”；1915 年“桃记”牌宣纸又在巴拿马万国博览会上获得“金奖”，至此，宣纸生产进入鼎盛阶段。[1]

抗日战争爆发后，宣纸的销售渠道受到严重的影响，宣纸价格起伏跌宕。后来由于机制纸的冲击，宣纸的销售再次陷入了危机，只在高端书画纸上还有比较大的市场，其生产与发展开始难以为继，宣纸匠人纷纷改谋生路。1951 年，泾县人民政府为了振兴宣纸，成立“泾县宣纸联营处”，几经变更后 1992 年更名为“中国宣纸集团公司”，给宣纸的生存发展带来重大转机。其生产的“红星牌”宣纸于 1979 年、1984 年、1989 年三次蝉联国家质量审定委员会金质奖章，1981 年获国家出口免检权，1999 年被认定为中国驰名商标。到了 1995 年，泾县被中国农学会授予“中国宣纸之乡”称号（图 1-51）；2002 年，又被国家批准为“宣纸原产地域”。

[1] 曹天生 . 中国宣纸传统制作技艺之“传统”探析 [J]. 自然辩证法研究，2012，5.

[2] 黄飞松 . 建立宣纸产业多层次保护的构想 [J]. 中华纸业，2010，1.

1.6.2 安徽泾县宣纸的发展状况

在 2005 年底，泾县共有宣纸加工企业 200 多家，从业人员达到 1.5 万多人，是当时全国最大的手工纸生产基地。在纸张的销售方面，泾县不仅在全国 20 多个大中城市（含港澳台地区）共设立销售网点 200 多个，产品不但满足国内市场的需要，还远销至东南亚、日本、韩国、欧美等国际市场，为世界文化的发展贡献了巨大的力量。

时代在不断发展，现代高科技及信息媒体的变化再次对宣纸造成了冲击，现在安徽泾县的宣纸生产企业已经不多，主要有中国宣纸集团公司、泾县李元宣纸厂、泾县汪六吉宣纸厂、泾县金星宣纸厂、泾县吉星宣纸厂、泾县紫金楼宣纸厂、泾县曹鸿记宣纸厂等 14 家。[2] 其中生产时间最长，影响力最大的就是中国宣纸集团公司，它目前是我国规模最大的宣纸生产企业，也是传承宣纸制作技艺的主要企业（图 1-52）。

图 1-51
安徽泾县“宣纸之乡”证书（左）
图 1-52
中国宣纸股份有限公司（右）

图 1-53
中国宣纸博物馆（左）
图 1-54
中国宣纸文化园全景[1]（右）

由该公司主导建设的中国宣纸文化园项目在园区内集中展现了宣纸的文化、历史与技艺流程，对宣纸文化的发扬起到了重大的作用。中国宣纸文化园总投资约 2 亿元，占地近 4 万平方米，共建有中国宣纸博物馆（图 1-53）、宣纸古作坊、宣纸古籍印刷园、文房四宝体验园、江南民俗园等八个主题场馆，是全国首个系统性综合宣纸博物馆。中国宣纸文化园于 2015 年 12 月正式建成对外开放（图 1-54），其集观光、科普、体验、创作于一体，是全国最有特色和影响力的宣纸文化体验园，对保护和传承宣纸传统技艺，弘扬宣纸文化，推广宣纸文化品牌，推动宣纸产业发展，开拓宣纸文化旅游都有重大的促进作用。

1.6.3　安徽泾县宣纸的工艺特点

宣纸已有 1500 多年的历史，历代名流、文人墨客对其是赞不绝口，但因为古代手工艺人的社会地位与文化水平不高，没能总结这些纸张的制作工艺，也因为长期以来宣纸的生产技艺都是靠师徒以及家族内部相传，不对外泄露，因此很少涉及宣纸工艺的介绍。到了清代后期《宣纸说》一书问世，里面才对宣纸有了一些粗略的工艺记载。如今很多书籍都对宣纸的制作技艺进行详细的记录，但由于这些民间技艺难以用语言和文字去表达，很多核心技艺仍然要靠师徒相授才能领会，甚至还要凭悟性和长期实践才能体会与掌握。[2] 此外，宣纸的原料加工采用日晒、雨淋、露炼的方法制得，在时间和天气控制方面没有具体的量化指标，在气候瞬息万变中全凭经验把控，所以在传承方面具有一定难度。

宣纸是我国劳动人民发明创造的纸中极品，她以普通树皮及稻草为原料，历经反复的浸泡、蒸煮、洗涤、捶打、摊晒等 100 多道工序

[1]　图片来源：中国宣纸股份有限公司 http://www.hongxingxuanpaper.com.cn/info.asp?base_id=1.
[2]　许婧 . 手工造纸与客家族群文化研究——以“连城宣纸”为例 [J]. 云南民族大学学报（哲学社会科学版），2010，7.

后才能制成（图 1-55）。大致是先将青檀枝砍下，断而剥之，脱其外表皮，漱以溪水。再将檀皮用碱液蒸煮、洗涤、舂捣等工序后，制成皮浆。另外，如果想制作皮草混合的纸浆，就要用上好的稻草，在去叶脱节后再进行水泡以及碱液蒸煮、舂捣等工序制得草浆后再将两种浆按一定比例混匀，加入植物黏液后即可捞纸，经干燥脱水后，形成纸张。[1] 宣纸的制作不仅工艺复杂，技术难度大，而且对地域及自然环境的要求也相当高。生产完一整批宣纸更是要耗时一年以上，每一项技艺都要求心到、眼到、手到，讲求吃苦耐劳、心灵手巧，将环境、材料与人和自然完美融合。

宣纸的生产对地方环境具有很强的依赖性，宣纸的卓越品质很大程度上取决于当地的水质。我们知道，泾县境内河溪密布，尤其是乌溪境内的两条河流终年不绝。一条呈淡碱性，天然适合制浆；另一条呈淡酸性，是抄纸的绝佳用水。另外，造宣纸所用的高杆沙田稻草纤维均匀，木质化程度很低，容易提炼，成浆率非常高。喀斯特山地所产青檀皮也是其他地方所没有的，其纤维均匀细密，细胞壁内腔大，表面还有皱褶，吸附能力很强，是宣纸润墨性能优良的主要原因。

1.6.4 安徽泾县宣纸的质地性能

宣纸在总体上纸质绵韧、手感柔润、纸面平整，还有隐约的竹帘纹，切边整齐洁净，没有折痕、裂口、洞眼、沙粒或其他附着物，是书写和印刷的精品。[2] 宣纸的性能特点和不同的纸品有巨大关系（图 1-56），宣纸按材料可分为棉料、净皮、特种净皮三大类；按厚薄可分为单宣、夹宣、二层宣、三层宣等几种；按加工性能又可分为生宣、熟宣两种；按规格可分为四尺、八尺、丈二、丈六以及多

[1] 吴勇，伍丹．纸在现代与传统绘画中的应用 [J]. 纸和造纸，2015，7.

[2] 高慧．宣纸的力学行为研究 [J]. 上海造纸，2008，6

图 1-55
中国宣纸文化园旁边的晒场（左）
图 1-56
红星牌宣纸的丰富种类（百度图片）（右）

种规格；按纸纹又可分为单丝路、双丝路、罗纹、龟纹等。[1] 以生宣为例，宣纸的特性可概括为以下五点。

（1）柔韧性：生宣具有极好的柔韧性，将其揉成一团后只要略加熨烫，依旧可恢复之前的平整，可谓伸缩自如。这种性能在拓片制作方面具有突出的优势，用薄薄的宣纸张贴在凹凸不平的石碑表面，不管怎么敲打，揭下来稍加按压即可恢复最初的形态，十分完美。

（2）湿染性：生宣具有较好的湿染性，当水滴在生宣纸面上时，水滴会逐渐向四周均匀扩散，这种湿染性运用在国画中可以增强墨水的韵味和层次感，使书画形象饱满而刚柔并济，具有圆润而立体感极强的视觉冲击力。[2]

（3）吸墨性：生宣除了具有湿染性外，还具有较强的吸墨性，“水走墨留”是大家对宣纸吸墨性恰如其分地表述，这是极其细小的“墨颗粒”与宣纸内部纤维融合的结果。[3] 生宣的吸墨性和湿染性相结合，使其在书画绘制中具有柔和悦目的视觉效果和独领风骚的魅力。[4]

（4）胶着性：生宣的胶着性非常好，当墨迹干燥后很难再变化，即使用宣纸擦手也不会沾上墨迹，甚至将其泡在清水里半天，其墨汁也不会随水化开，这就是宣纸对墨汁胶着性的直接体现。生宣正是具备了良好的胶着性才能使书画作品能够长时间地存放而不变色，在装裱后更显艺术美感。

（5）耐久性：宣纸原料在反复漂洗和日晒雨淋中，祛除了淀粉、蛋白质等有机物，再加上青擅皮含有一定的碳酸钙微粒，不含铜质及其他金属离子，纸中纤维素的羧基含量较少，使其能够抵抗光、热、水分、微生物等自然因素的侵蚀，可贮存上千年还能基本保持原样。[5]

1.6.5 安徽泾县宣纸的应用情况

泾县宣纸的良好性能使其具有很大的应用场合，主要是在书画上，其次是在书籍装帧以及其他民间工艺美术的用途上。宣纸的用途是在人们日常生活中积累形成的，并且在不断发展中，具体有以下几种。

1. 书法绘画

宣纸出现后，中国的传统书画就离不开宣纸。宣纸使中国传统的书画艺术得到淋漓尽致的表现。在宣纸上绘画可以有“墨分五色”

[1] 晓然．宣纸制作技艺 [J]. 中国工会财会，2016，1.
[2] 吴世新．宣纸生产工艺与润墨 [J]. 中华纸业，2008，29（7）：64-67.
[3] 赵代胜．宣纸纤维特征与真伪研究 [J]. 中华纸业，2014，4.
[4] 刘仁庆．关于宣纸四大特性的解释 [J]. 纸和造纸，2008，6.
[5] 王连科．纸中珍品——宣纸 [J]. 黑龙江造纸，2004，9.

的效果，让书画艺术家们的高超艺术作品得以传世。在书法绘画的过程中，墨水在纹理丰富的宣纸上墨韵清晰，颜色深浅浓淡皆十分明显，使中国传统的书画艺术得到最好的体现。

2. 书籍装帧

书籍装帧在宣纸用途中占有很大份额，我国各大图书馆中尚存有各种古籍（主要是线装书）约 3000 万册（卷），有相当一部分是用宣纸印制的。还有一些近代的法典和各种高级书籍礼物以及有收藏价值的图书、外交照会、高级档案等都是宣纸印刷的精品，它们一般是线装本，并带有函匣，非常精美（图 1-57）。

3. 民俗用品

宣纸与民俗活动相组合能产生非常多的艺术精品。它们在精神、物质、社会方面有着密切的关系，产生相当多的民俗用品。这其中包括：剪纸、纸伞、纸风筝、纸鞭炮、纸脸谱、纸玩具、纸灯笼、纸折扇、纸插花、纸年画等方面。[1] 这些民俗用品不但满足了人们生活的需要，还丰富了民间艺术的表现形态，扩大了宣纸的应用领域。此外，宣纸还被作为邮票用纸和小众印刷用纸（图 1-58），部分高档包装也用宣纸作为材料之一。

4. 旅游应用

传统手工纸在旅游上的应用主要是作为文化旅游的核心元素，在宣纸产地发展旅游一直是业界的共识，也取得了良好的成效。2017 年 3 月，中国宣纸股份有限公司在泾县主办了一场“宣纸文化旅游发展研讨会”，会议吸引了众多知名旅行社、自驾游协会等相关业内单位的负责人参加。从会上得知，泾县将全力打造中国宣纸小镇，建成一个集宣纸展示、造纸体验、创作交易、休闲度假等功能齐全的特色小镇，通过宣纸的影响力使泾县文化旅游产业得到更大的发展。

[1] 袁自龙．宣纸工艺在艺术设计创新中的载体作用：以礼品艺术设计应用为例[J]. 数位时尚（新视觉艺术），2009，12.

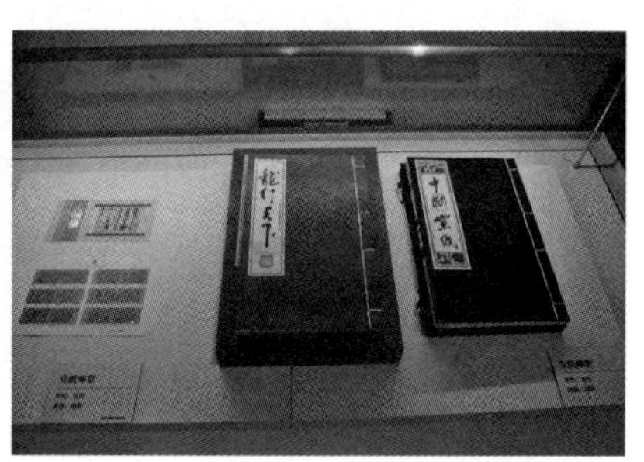

图 1-57
用宣纸印刷的四库全书（左）
图 1-58
宣纸邮票与邮册（右）

1.6.6　安徽泾县宣纸面临的问题

虽然宣纸曾经辉煌，现在也依然在手工纸中处于领导者的位置，但在新的时代中，宣纸的发展面临很多新的问题，如果不处理好将影响其进一步发展。因为造纸术是我国古代四大发明之一，在我国文化发展中具有重要的意义，其在我国社会、文化中具有举足轻重的地位，还具有新的发展潜力。

1. 原料供需不足，可持续性较差。

制作宣纸的原材料主要有青檀皮和沙田稻草，由于它们的种植收益较低，且长期以来忽视对原材料供应基地的投入和建设，只采用不复种，同时青壮年大量外出务工使其无人种植，青檀林基地逐年荒芜，材料产量大幅下降。原材料的问题严重影响了宣纸的质量稳定和造纸企业的正常生产经营，限制了可持续发展。[1]

2. 条件艰苦，技艺传承困难重重。

宣纸的生产至今仍保持着传统的手工操作，又脏又累的工种占多数，而且技术要求高，造纸周期长，工人们长期从事这些工作容易导致腰肌劳损、关节炎等职业病。而为更严重的是因为手工纸的市场空间较小，经济收益低，因此工人的待遇一直提不上去。随着社会经济的发展，人们的就业渠道不断增多，年轻一代普遍不肯再从事宣纸的生产工作，使得技术工人出现青黄不接、后继乏人的严重情况。[2]

3. 书画纸市场无序，竞争激烈。

目前我国书画产业的现状是“数量多、分布广、规模小”，由于缺乏行业的监管，书画纸市场陷入无序的竞争中。大量以次充好、价格混乱、恶性竞争等行为严重影响着书画纸产业的发展，也损害了宣纸的品牌形象。[3]

4. 融资渠道窄，缺少发展平台。

由于不处于当前投资的风口，宣纸及书画纸企业要发展就只能靠自己积累资金，发展速度非常慢。由于没有足够的资金支持，生产无法扩大，部分企业即使有订单也不敢接，而小订单又没法支撑企业的稳定运作，丧失了很多拓展市场的机会。另外，宣纸品牌没有很好地树立起来，也没有建立大型的宣纸、书画纸和其他文房四宝的宣传与交易场所，没能扩大宣纸在社会中的影响力。

[1]　姚超．宣纸制作技艺保护状况调查研究 [D]. 安徽医科大学，2012，4.

[2]　佘光斌．宣纸价值之我见 [J]. 纸和造纸，2008，7.

[3]　李硕．宣纸认识的误区及其危害 [J]. 艺术科技，2014，7.

5. 因非遗保护，不能随意扩张。

对于非物质文化遗产，我们要侧重保护功能，意味着传统的制作技艺要尽可能地保持原有的样子，在对技术与工艺进行创新时需要更加慎重，不能随意更改；其次，宣纸要在原产地进行保护，受原产地原料、制作场地等限制，生产不能灵活扩张；最后，宣纸的生产过程也受到原产区与众不同的自然气候的影响，无法应用到其他地区。

1.6.7 安徽泾县宣纸的发展机遇

虽然宣纸的发展面临诸多挑战，但也有自己的发展机遇，如果能抓住则能很好地传承这种特色的手工艺。目前宣纸有三个方面的机遇，一是在大的产业环境方面，我国十大产业规划和安徽省九大产业规划都相继颁布实施，他们对发展文化旅游产业提出了政策支持的意见，这符合宣纸产区建设文化旅游区的发展方向（图 1-59）；二是皖江城市带的产业转移示范区建设正式上升为国家的发展战略，这也为宣纸及书画纸产业的发展带来百年一遇的机会；三是国家对手工纸文化遗产的重视日益提高，对非物质文化遗产进行立法保护势在必行，宣纸产业的发展将得到更有力的保障。

另外，经过改革开放近 40 年的发展，泾县建成了中国宣纸集团公司、泾县吉星宣纸厂等十多家有实力的宣纸生产及销售企业，宣纸的制作技艺得到有效的保护与传承，生产技术也在不断革新中。宣纸目前已经在全国范围内形成稳定的产品生产网络、产品销售网络和书画艺术网络，使产业集群化基本成型，形成良好的发展基础，今后必定能掀起巨大的发展浪潮。[1]

[1] 边纪平 . 泾县：擦亮宣纸品牌 [J]. 中国品牌，2017，2.

图 1-59
泾县附近的交通发达

[1] https：//baike.baidu.com/item/%E9%82%93%E6%9D%91%E9%95%87/2537028?fr=aladdin

1.7　广东四会邓村手工造纸状况

邓村镇坐落于广东省肇庆四会市，在珠三角经济圈内，交通发达。现代化的发展并非抹去邓村的传统记忆，邓村的手工纸——会纸，至今仍完整地沿袭着来自东汉蔡伦的传统手工造纸的流程与技艺。

1.7.1　广东四会市邓村镇的概况

邓村镇位于四会市西南端，地处西、北、绥三江下游，与清新、三水、广宁和鼎湖区接壤，属珠江三角洲经济区范围，地形似竖立的桑叶，由西北向东南倾斜。邓村的范围不大，约为 1300km^2 左右。邓村的山地多在西部和北部，而中部则几乎都是丘陵与河谷盆地，南部和东部以冲积平原为主。邓村最高山峰是三桂山，海拔将近 900m。河流有绥江、龙江、漫水河、曲水河和何礼河，河流全长约 400km 左右。邓村地处北回归线以南，属亚热带季风气候，雨量充沛，日照充足。[1]

笔者于 2015 年 1 月和 7 月到会纸生产地邓村开展田野调查（图 1-60）。发现邓村的山丘覆披着绵延不尽的翠竹，村中随处可见泡竹子用的灰池，纸作坊林立，整个村落都弥漫着纸竹的香气。会纸的制作都是当地取材，其河旁街曾是广宁、怀集、四会三县柴竹杉的集散地，石灰则来自邻近的罗源石寨，水源方面有白花河及大乌河环村而行，邓村的确是造纸的理想环境。

图 1-60
四会邓村镇的牌楼

1.7.2 邓村手工造纸的工艺特点

邓村手工纸的工艺沿用着古时东汉造纸的传统工序，并根据当地的条件和使用要求进行了一定的改变。主要工序有采竹、腌竹、舂碎、打浆等 20 多道。邓村手工造纸的每道工序都难以被现代技术所替代，当中蕴涵着丰富的科技内涵，是一份宝贵的历史遗产。邓村的手工纸色泽古朴、厚薄均匀、质地柔软，具有很好的可燃性与透气性因邓村隶属四会书，其生产的纸被简称为“会纸”。据当地族谱记载，会纸生产始于南宋期间，到清嘉道年间，四会造纸、烧石灰等行业已经十分兴旺，其出产的土纸主要运往佛山，由佛山的纸行对外分销 [1]。

会纸的制作过程沿袭传统造纸工艺。据当地族谱记载，南宋咸淳年间有张姓、陈姓、程姓、申姓等中原人从韶州的曲江、南雄珠玑巷迁徙至邓村的白龙、官陂一带定居。这些迁徙来的人带来了他们绝活手艺：手工造纸，并在邓村开设作坊，造纸销售。当地的博物馆详细记录了这些造纸方法，认为它们与《后汉书集解》中介绍的造纸方法几乎一致，每道工序都非常精妙，隐藏着人们对自然的理解与对科学的应用，但却无法被现代新技术所取代。

邓村的造纸工艺在其展览馆里有详细的介绍。邓村的造纸展览馆紧挨着张氏宗祠，门口匾额上书“中国民间古法造纸第一村邓村展览馆”（图 1-61）。展览馆内部由两位村民在照管。在展览馆内以及庭院堆积了大量会纸，两位妇女静静地坐在小板凳上数会纸，捆扎做元

[1] 梁灶群 . 试论历史文化名村的整体保护——以广东四会扶利村为例 [J]. 神州民俗（学术版），2012，4.

图 1-61
四会邓村展览馆

宝。展览厅内的展板上按照编年的方式，介绍了邓村造纸的历史和工艺，并配以文字说明，非常清晰（图 1-62）。

会纸制作工艺是历史长河中时空雕琢的成果。当地历史传统、自然资源、经济发展等特定情境都影响着当地农民对会纸工艺的知识和经验的累积。会纸的制作工艺不仅是一门应用技能，还是一份文化遗产，传递着人们从古到今的信仰、习俗、经验、关系。笔者结合访谈和史料查证的成果，围绕会纸的取材、选址、用具、流程等解读会纸制作的 8 个工序。

1. 砍竹挞竹

邓村本地一年龄的竹子便可砍伐作为原料，但以 3 年龄的竹子为首选。因为 3 年龄的竹子拥有更强健的纤维，能让纸张成品更坚韧耐用。基于综合考量，邓村造纸会把 1 年龄的竹子与 3 年龄的竹子兑合使用。砍伐后的竹子会被截成约 80cm 长，随之以锤子砸破，并扎成 12 斤左右重的一捆。

2. 腌制竹子

邓村造纸为每捆竹子勾兑 3 斤石灰，让竹子在石灰池水中浸泡大概 100 天左右，直至竹子纤维软化便可取出晾晒，拍打去灰，除掉黏附的杂物，随后引入清水，将只剩下纤维的竹子再放入清水中浸泡 40 天左右。

3. 碎竹打浆

将沤好、漂净、晾干的竹子放入机械中打成碎末（图 1-63），再放置入清水池中由机器舂打成竹纤维的浆。在机械化之前，这些工序是由竹斧和村里的水车完成的。

4. 抄纸

该工序是用竹帘在纸浆槽中快速搅拌，把纸浆荡起来后再把竹帘

图 1-62
四会邓村展览馆里造纸流程介绍（左）
图 1-63
四会邓村的碎料机（右）

提起，这时竹纤维便均匀地分散附着在竹帘上，将竹帘翻转覆盖在垒纸架上，纸张便脱离竹帘，单独地出来了。抄纸是手工造纸的核心工艺，要经过多年的训练才能使抄的纸厚薄均匀。[1]

5. 榨纸

用木头压在约 1.6m 高的湿纸上，拧动上方的铁螺丝，将湿纸里的水挤出。经过压榨后，80% 以上的水能被挤出。

6. 松纸

为避免纸张晾干后出现粘连，纸张晾干前必须进行松纸。松纸虽然技术含量不高，但需要非常快，需左右手配合操作，右手用木刀敲打切拨纸胚，左手不断翻弄，分开每页纸，稍微配合失调便会造成纸张破损。

7. 晒纸

松纸后，将一沓沓的纸挂在竹竿上，放在一个通风的棚子里自然晾干，时间大概需要一个星期左右。

8. 捆纸

老人、小孩会将晾干的纸制作成元宝纸。50 张扎一起称为一段，一捆元宝纸有 30 段，即 1500 张。然后在每捆纸涂上绿色和红色的横条，成为元宝纸。这些元宝纸是附近村民逢年过节时拜祭神灵必备的物品。

目前，邓村在手工纸制作中，把部分工序交予机械代劳。春竹改用粉碎机，手工打浆变成了机械打浆，用杠杆原理将纯手工榨纸变为螺旋式半手工半机械方式，提高了生产效率。邓村的手工造纸技术与当地环境相适应。首先，邓村手工造纸取材天然；其次，造纸的工序也对自然无损，废弃的石灰液可直排入江河，不会为自然带来污染。村里人们认为废弃的石灰液还能治疗蚊虫叮咬、疖疮等皮肤疾病。

邓村的冥纸大多用于焚化祭拜祖先与神灵。明宋应星说："盛唐时，鬼神事繁，以纸钱代焚帛，故造此者名曰火纸。荆楚近俗，有一焚侈至千斤者。此纸十七供冥烧，十三供日用。"[2] 邓村现在传统手工纸的制作技艺与《天工开物》中蔡伦发明的捣浆造纸术基本一致，和中国各地记录的造纸术如出一辙。但是，邓村的手工纸因为多作冥纸使用，对质量要求不高，因此在制作过程中不加纸药。邓村的手工

[1] 周文娟 . 会纸工艺传承的意义 [J]. 中国造纸,2016,1

[2] 刘仁庆 . 中国早期的造纸技术著作——宋应星的《天工开物 . 杀青》[J]. 纸和造纸，2003，8.

抄纸比机械抄纸成品更棉柔，燃烧起来更快，烟量少，无异味，化灰度好。因而，邓村冥纸的销售状况非常好，纸农的经济收益也不错，很多纸农家里都有洋房和小车。

1.7.3　邓村手工造纸存在的问题

一直以来，邓村手工纸的制作都以家庭小作坊的形式开展，所获的经济效益并不理想。2004 年起，四会市政府着手把邓村打造为“中国民间古法造纸第一村”，修建手工造纸展览馆等文化设施，大力促进邓村手工造纸的传承。但目前，邓村的手工造纸还没有摆脱单一的模式，只做冥纸，没有其他品种，创新力度不足，致使手工造纸未能与文化创意产业及旅游业很好地融合。

1.8　广西桂林手工造纸状况

广西桂林北接湖南、贵州，西南连柳州，东邻贺州，属山地丘陵地区及典型的喀斯特岩溶地貌。桂林是世界著名的风景游览城市、国家对外开放重要的国际旅游城市、国际性旅游航运枢纽、全国健康旅游示范基地、万年智慧圣地，遍布全市的石灰岩经亿万年风化侵蚀，形成千峰环立，一水抱城，洞奇石美，景观独特。[1] 桂林一直以来都是民间民俗与传统文化的聚集地，现存较多的传统手工造纸作坊，其中桂林灵川兰田瑶族乡、桂林龙胜马海村是广西桂林手工纸的代表，具有较大的规模与影响力。

1.8.1　广西桂林灵川兰田瑶族乡的手工造纸

兰田瑶族乡位于青狮潭湖以北，是灵川县的两个瑶族乡之一，总面积 106 平方公里，常住人口 6000 余人。兰田瑶族乡以种植业为经济支柱，木材、竹子、柑橘、药材是瑶族乡盛产的品种。瑶族乡盛产竹子，年产 100 万根左右，是广西第二大毛竹产业基地。竹子是兰田手工造纸的主要原料，毛竹的盛产促进了兰田手工造纸的产生与发展。兰田手工造纸始于清代，出品湘纸与草纸，湘纸后来发展成出口商品。2013 年，兰田的手工造纸被列入市级文化遗产名录。

[1]　百度百科 https://baike.baidu.com/item/%E6%A1%82%E6%9E%97/7495?fr=aladdin

1. 灵川县兰田瑶族乡的造纸历史

兰田瑶族乡的手工造纸是有历史渊源的。清朝年初，兰田瑶族乡的祖先们从现在的韶关迁徙至此，并带来了造纸技艺。由于此地山多田少，与外界的道路不通，但又盛产竹木，于是先辈们就利用此条件发展造纸业。造好的纸张被挑至山外销售，为村民们带来了经济收入。

手工造纸的谋生方式较为艰辛，造纸的每个工序都不轻松。兰田年轻的村民少年时期便开始跟长辈学习造纸。每日凌晨三四点便要开始工作。造好的纸张需挑至十几里外的地方销售，然后买回养家的米粮。后来瑶族乡的山路被打通，竹材与木材无须先加工为纸张，便可直接运输销往山外。如今，兰田瑶族乡仅余部分中年的造纸艺人仍循着四季的变化默默造纸，年轻人全部都外出打工了，造纸作坊也仅剩下 2 个（图 1-64）。

2. 灵川县兰田瑶族乡的造纸方法

兰田瑶族乡的手工造纸需经过砍竹、剥竹、浸塘、踩料、抄纸、榨纸、捞浆、捡页、晾干等 30 多道工序才能完成。全部工序加起来要超过半年时间。其中腌竹麻、踩竹麻、搅纸浆、捞纸、压纸、分纸是当中最核心的工艺，需要有较多的操作经验才能做好。

兰田乡造纸的原料取材于春末夏初的竹子，选择娇嫩的新竹，破成细条，置于石灰塘中浸泡两个月，让其沤熟（图 1-65）。竹子沤熟后，村民们再将其挑到水塘或山间溪水揉搓，将石灰洗净。首先把竹片从石灰塘中捞出，置于山涧清洗，随后把山涧水引入水塘，把清洗干净的竹片放在水塘中，表层覆上稻草，不断地换水和风干。

浸泡与发酵完成后，村民把竹片捞出，手工剁碎，随后放进机器碾得粉碎。完后再兑滑水处理，把纸浆倒进纸槽中与滑水混合并搅

图 1-64
兰田瑶族乡其中一处破败的造纸作坊（左）
图 1-65
兰田瑶族乡的竹林（右）

[1] 百度百科：https：//baike.baidu.com/item/.

拌，使纸浆与多余的杂质分离，形成更细滑的浆液，然后进行抄纸（图1-66）。之后就是压干步骤，把木板置于抄好的湿纸上，板上再压石块，人工踩上压杆的另一头，通过杠杆作用将纸里的水慢慢挤出。制浆、拌浆、抄纸、压纸四个步骤通常被安排于白天制作，夜里村民围坐进行分纸。纸张分好后置于户外晾晒，晒干的纸张便可分理整齐，捆扎出售。

1.8.2　广西桂林龙胜马海村的手工造纸

桂林龙胜各族自治县位于自治区东北部，地处越城岭山脉西南麓的湘桂边陲。龙胜镇属于偏远的山区，它与自治区首府南宁市直线距离371km，公路里程531km。与桂林直线距离63km，公路里程87km。广州至成都的国道321线从龙胜境内通过，是湘西南、黔东南与四川进入广西之咽喉与物资集散地。[1] 龙胜坐拥国家级生态资源与旅游资源。当中温泉、梯田、森林都是受到国家保护的重点景观。龙脊梯田被誉为“天下一绝”，花坪原始森林保护区与“华南第一泉”都是当地著名的国际级旅游景点。

龙脊镇马海村山岭较多，梯田绵延，大量的毛竹生长于山野路旁，为造纸带来了丰富的材料。因而，从数百年前开始，居民便使用蔡伦创造的造纸方法砍伐嫩竹造纸，所制的纸品防虫防蛀，柔软耐用，深受欢迎。因此，过去手工造纸一度作为当地的主要产业。但目前马海村的手工造纸仅有一处作纪念性留存，生产也时断时续（图1-67）。

1. 马海村手工造纸的工艺技术

马海村手工纸的制作技艺独特，其成品要经过砍料、刮青皮、破料、泡料、洗料、踩料、入槽、抄纸、压水等15个环节，72道工序，

图1-66
兰田瑶族乡的抄纸槽（左）
图1-67
马海村的手工造纸纪念馆（右）

耗时近半年才能完成。造纸过程与《天工开物》中所载的造纸工艺极为相似，主要步骤如下：

（1）砍料：龙脊梯田山岭较多，又盛产毛竹。村民们就地取材，砍伐每年新生的嫩竹，然后再削去竹皮。

（2）泡料：把去皮后的嫩竹放在石灰坑中浸泡约半年时间，软化纤维（图 1-68）。竹子泡软后再用清水反复冲洗。冲洗干净的竹子再换到另一池子里继续泡上数月，以达到除臭和软化的作用。泡竹的水每四五个月换一次，废弃的水依然可以用来灌溉农田。

（3）踩料：用脚对泡好的竹子进行捶捣，并踩成浆状。踩好的竹浆顺着筛子滤下，与其他泥状的嫩竹流进水槽里，工人用长长的木勺搅拌均匀,就成了最初的造纸原浆。踩浆是一个相当消耗体能的步骤，村民经过一天的踩浆，往往感觉腰痛而夜不能寐（图 1-69）。

（4）抄纸:该工序是用竹帘捞浆，将竹帘往水池一抄，猛地上提，竹筛上便有一层薄薄的金黄色的纤维层（图 1-70），然后再把它反扣在纸堆上。在抄纸时，要加入蜡树叶子做成的“滑水”，它是造纸不可或缺的润滑剂，能使造出来的纸张更为光滑。抄纸对师傅的经验与技术要求较高，动作的轻重会影响纸张的厚薄，因为纸浆捞多了会造成纸张过厚，入水太浅会导致纸张过于稀薄，造成纸张厚薄不均匀。

图 1-68
马海村的泡料池

（5）压水：抄好的纸要进入压水步骤，主要是利用杠杆的原理在叠好的纸堆中压上粗长的木头，以人力往下压水，直到纸堆的高度被压去大半，没有水流出为止。

（6）烘纸：将经过压榨八成干的黄灿灿的纸张小心翼翼地一张张揭起，贴于特制的火灶墙上，待烘干后揭下就成为纸张。用火烘干的方式不常用，容易造成纸张发黑，不如日晒的效果理想，一般是在不得已的坏天气中才会采用烘干方法（图1-71）。

（7）分纸：烘干或晒干的纸张需要用镊子一张张地分开，再摞成一叠。分纸也不是易事，必须用力均匀，不然很容易把纸张弄破、撕裂。马海村一担纸40刀，一刀80张，4个人分工，一天8小时做下来，也仅能生产20担。

2. 马海村手工造纸的发展前景

马海村村民的祖先是由明朝年间迁徙而来，在此繁衍至今，世代以造纸为生。由于马海村出品的纸张光滑柔软，吸水性好，成品纸热销外地，也吸引大量的客商登门采购，因而在20世纪七八十年代的造纸辉煌期，马海村几近全村造纸。当时会抄纸的师傅工分比普通村民高几倍，因而造纸是个热门活，大家都热衷于造纸，但要经过年把时间的学习才能成为造纸高手。但自改革开放后，在工业化造纸的冲击下，加上原材料供给困难、造纸劳动强度大，马海手工纸生产面临

图1-69
马海村的踩料工具（左上）
图1-70
马海村抄纸槽（左下）
图1-71
马海村的烘纸墙（右）

危机，逐渐退出市场。村中的年轻劳动力都舍弃学习造纸，纷纷外出谋生，致使大多数的年轻人已不懂竹纸的制作技艺。相比起以前全民造纸的繁荣景象，如今马海村的造纸分外萧条，许多村户的造纸工具也已废弃损坏。如今还在造纸的村户已经不多，只余几位长者守护着这门古老的手艺。

马海村的梯田风光优美，如今盛行辣椒产业。政府正对本地的旅游业进行开发，从文化旅游的角度探索如何让面临失传的手工造纸在旅游产业中重获生机，得以传承。另外，马海村手工造纸技艺申报非物质文化遗产的工作已正在展开。

1.9 海南儋州市中和镇的加丹纸

中和镇位于海南省儋州市中北部，距市政府所在地那大镇 45 公里。中和镇的面积不大，全镇土地面积 62km^2，辖 12 个村（居）委会、70 个自然村、102 个村民小组，全镇人口 4.14 万人。中和镇历史悠久，留下很多历史遗迹（图 1-72）。现在也是儋州市中北部地区的商品服务和农贸产品集散中心。[1]

[1] 百度百科 https://baike.baidu.com/item/%E4%B8%AD%E5%92%8C%E9%95%87/4847206?fr=aladdin.

1.9.1 中和镇加丹纸的发展历史

宋朝年间，苏东坡被贬谪海南，期间在中和地区生活了数年（图 1-73）。苏东坡在中和镇定居期间一心为民，给中和地区的社会

图 1-72
中和镇的武定门遗迹（百度图片）

图 1-73
中和镇上的东坡雕塑

文化发展带来较大的改变，深得人民爱戴。根据史料，海南省儋州市手工纸的开端据可追溯至苏东坡谪居时期，当地的东坡书院以前便一直生产一种叫“加丹纸”的手工纸。“加丹纸”因在纸张中揉入了红丹粉（四氧化三铅）而得名。中和镇加丹纸的生产技术由当地的祖先从广东潮州引入。在造纸的鼎盛时期，中和镇约有十户人家从事加丹纸生产。

1.9.2　中和镇加丹纸的工艺技术

加丹纸的成品规格为 102 cm × 78 cm，根据顶端有无白边可分成纯红加丹纸（顶端无白边）和有头加丹纸（顶端有白边）两种样式。其制作工序主要分为煮胶、和矾、加矾、过滤、配红丹粉、拌料、舀料、刷纸、晾纸、擦台、收纸、理纸、叠纸、压纸、裁纸条、捆纸等 16 个步骤。《广东省志—轻工业志》记载曰：明、清时期，广东南海（佛山）一带的造纸工人经过研制，生产了一种橘色纸，此纸色彩鲜丽喜庆，坚韧防蛀蚀，以此作为线装书的扉页和衬页有非常好的装饰美化效果。藏书家们也非常喜欢这种防蠹纸，并美名为“万年红”，文中记载的便是加丹纸。[1]

[1]　陈彪 . 海南儋州中和镇加丹纸田野调查与研究 [J]. 广西民族大学学报（自然科学版），2016，2.

1.9.3 中和镇加丹纸的发展前景

基于美好的装饰效果与耐用性能，加丹纸在中和镇被广泛用于传统民俗活动，最常见的用途是作为对联撰写用纸，其余还在纳名、婚联、贺词、题梁、红包等习俗上用纸。加丹纸于传统习俗的应用范围虽广，但由于经受市场同类型工业产品的冲击，人工及原材料成本逐年增高，加丹纸的收益更趋单薄，以致常年在生产加丹纸的农户都不愿意继续从事该行业。当下，加丹纸的产户只余一两家，且两家的后代均无再续此业的意向，加丹纸的制作技艺即将失传。

第 2 章

中国传统手工纸的工艺变更及艺术效果

纸张是人类文化得以传承的重要载体之一，它们在文化传播中发挥着重要的作用。从古至今，人们通过在纸张上书写、印刷、刻画、裁剪、折叠等方式记录和保存事件、文化、思想、情感。纸张种类数不胜数，主要分为手工纸和机制纸。其中机制纸精致、规整、便捷，几乎可以满足所有的使用需要。但机制纸呈现出冷冰冰的机械气息，没有温和情感信息以及传统的文化味。而手工造纸虽然步骤繁复，效率低下，不修边幅，已经渐渐退到了历史的边缘，但却有着很多机械纸张所不具备的审美内涵。它们有的厚重，有的轻薄，有的坚韧，有的柔软……还有在生产制造过程中所呈现出的历史气息，它带给我们的不仅是一张记录文字的材料，更是承载着不同性格、温度、情感甚至是记忆的精灵[1]。

中国传统手工纸有着独特的选材方法与制作手艺，其纸品特征和机械化生产的纸张有很大区别，在纸张的纹理、色泽、质感上都呈现着传统的文化气息，透露着温婉的性情与历史的情感。手工纸还有很多可变性，可以在制作工艺的变化中得到更为丰富的审美体现。手工纸的这些特性使其在艺术应用上有着得天独厚的优势，必将在今后的文化应用中有更大的发挥空间。

2.1 中国传统手工纸的色彩表现特点

色彩、图形、纹理质感是有形物体的重要因素，而色彩是物体进入人类视觉的第一要素。一种物体的色彩或色调往往会引起人们对生活的联想和情感的共鸣，这是色彩视觉通过形象思维而产生的心理作用。色彩能对人类的生理和心理产生积极的影响。红色给人温暖、刺激、危险的感觉；橙色给人温暖、光明的启示；绿色给人新鲜、和平、青春、希望的气息；蓝色给人寒冷、清静、深远、智慧的印象。色彩对人类的作用不仅发生在视觉层面，也在左右着人类器官的感知，影响人类的味觉与触觉，并真实地带来生理反应。因此，我们对传统手工纸的色彩研究非常有意义，有助于在后面的设计应用中呈现出更为丰富的情感效果。

[1] 王诗琪 . 手制再生纸介质的材料语言与应用研究[D]. 山西大学，2016，6.

2.1.1 中国传统手工纸的色彩状况

纸张的特点是由制作材料和工艺流程决定的，手工纸是用棉、麻、竹等植物纤维为原料，用特殊的传统工艺经过一定程序的自然漂白，具有灰白、黄白、丝白、麻白等颜色（图 2-1）。这些颜色非常柔和，没有很强的视觉冲击力，但它作为一种书写材料是非常合适的，虽然其貌不扬却有深入灵魂的感召力，能够使人在面对纸张时心神宁静、才思泉涌。如果纸张的使用者有特殊需求，造纸工匠还会把纸染成各种色彩。[1] 这些经过印染的颜色也具有美的表征意义，有广泛的用途。我们需要对手工纸的颜色进行深入分析，准确把握其精神内涵和应用特点，使其美感得到最大化的表现。

中国传统手工纸中有一类是专供祭祀用的冥纸，以广东四会手工纸为代表，其质地粗糙，颜色是竹纤维的天然黄色，在可见光谱中，这种黄色的波长在 540 ~ 590nm 之间 [2]。人类视觉在白天或亮处，对光波的最大灵敏度为波长 550nm 的光波，这种黄色正处于最佳灵敏度上。同时黄色在彩色系中明度最高，能给人以温暖、亲切、明亮、醒目、柔和、华贵、威严等诸多感觉（图 2-2）。广东当地人把这种纸作为祭祀时的冥纸使用，因为它代表着富贵与威严，也是谷物成熟后的颜色，根据颜色与人的生理关系，这种颜色能给人以丰硕和甜美之感，能表达当地人对祖先的尊敬与供奉之情，也与人们希望借此祈福，盼望美好生活的思想相吻合。正因为这种手工纸能以最简单的工艺和最低的

[1] 田琪．“文质彬彬”的传统手工纸 [J]. 美术大观，2013，5.
[2] 百度百科．http：//baike.baidu.com/view/30262.htm/.

图 2-1
手工纸普遍具有的黄白色彩
图 2-2
广东四会手工纸的色彩效果

成本达到如此好的效用，才使其几百年来一直为人们所喜爱。

2.1.2 中国传统手工纸的色彩应用

中国传统手工纸一般呈现黄白色，这种颜色质朴自然，具有一定的艺术表现优势，但同时由于纸质偏黄，白度低，对色光的反射度与视觉感知力不够，又增加了设计的难度。白度一直是鉴别纸张质量的一项标准，当纸张足够白时，纸张能够完整地反射所接收的色光，在印制时准确地表现印墨色彩。而传统手工纸因为白度较低，无法完整地反射色光，在印刷中使用时会使色彩饱和度降低，出现色差。因此白度较低的手工纸在很多高质量的印刷中不能满足使用需要。在相关的应用中，我们需要正视手工纸的优势与不足，使其能得到恰当地使用。

现代设计领域需要不断开发创新，或通过新方法对旧产品进行再设计，满足设计领域的创意发展需要。中国传统手工纸一直未曾在现代设计领域中得到普及，探索与开发传统手工纸在现代印刷中的应用是对当前设计领域的开拓创新。要使中国传统手工纸在现代设计中得到广泛应用，就必须先分析手工纸的物理性能和色彩特点。

印刷品纸面上所见到的颜色是油墨和纸张色的综合呈色效果，手工纸本身白度不够，当进行色彩表现时，必然会出现偏色情况（图 2-3）。因此，在印刷过程中我们需要根据印刷内容，扬长避短，采取纠正措施，避免印刷深黄色、孔雀蓝色与大红色等色彩，要利用纸品颜色的正面效果，消除其负面的影响。

2.2 中国传统手工纸的肌理表现特点

所有物体如木头、石块、布料等都具有形态各异的表面组织，带来不同的肌理。肌理又称质感，指材料表面的各种纵横交错、高低不平、粗细不一的纹理变化，是物体表层的肌肤纹理[1]。物体的肌理具有造型性、情感性与多样性，是视觉设计中重要的艺术语言。另外，肌理也指人们对物体表面粗细、软硬等特征的感受。通过肌理的多样化表达，物体的审美及意蕴更加丰富。

[1] 黄洪澜 . 浅谈肌理在平面设计中的运用 [J]. 学理论，2010（4）：157.

[1] 田琪．“文质彬彬”的传统手工纸 [J]. 美术大观，2013，5.

2.2.1　手工纸肌理的形成方式

纸张的肌理是造纸选材与造纸工艺共同作用的结果。手工纸因取材天然和手工抄造制作，呈现出粗糙的植物纤维形态，富有质感。粗糙的质感是手工纸区别于其他纸的典型特征。这样的特殊质感让它比其他纸类具备更迷人的魅力。

手工纸的肌理一部分出自取材的影响，另一部分也来自于抄纸过程中的烙印。在抄纸过程中，不同的抄纸帘造出不同肌理的手工纸，抄纸帘自带的纹样与帘线排列的疏密，都烙印在成品纸中，成为纸张的肌理。还有另外一种肌理是为了改善手工纸的某些性能或审美效果而在纸浆中添加其他物质，如花瓣、叶子、香料、麻丝等，使手工纸奇妙地增加了丰富的触感和另类的视觉效果，并带有自然的香气 [1]。这种添加其他材料形成混合纸浆是创造纸张肌理的主要方式，能使肌理的形成更加自然，没有人工压印的生硬与规整（图 2-4），深得各类艺术家及设计师的喜爱。

手工纸的边缘一般都有各种不规整的毛边，由于捞纸工具的纹理不同，也会形成不同形态的边缘。即使材料和抄纸工具一样，制造手法的不同也会有不同的边缘形态。有的纸张还会根据使用的个性需求，用特制工具将纸边切成锯齿状或波浪状的。手工纸的边缘肌理可以给纸张增加更有个性的形态美。

图 2-3
广东四会手工纸的色彩印刷效果
图 2-4
添加麻料的手工纸肌理形态

2.2.2 手工纸肌理的审美表现

我国传统手工纸柔韧兼备、质朴素雅、物美价廉，它可弯可折可塑，构成了纸张丰富的质感层次[1]。又由于造纸原料、纸药用法的差异，手工纸张摸上去有或粗或细，或柔或硬，或滑或涩的手感，比机制纸的肌理质感更为丰富。

中国传统手工纸的纤维灵动随机、形态各异、点线交错，其表面比较粗糙，手感比较细腻。手工纸在日光下透着朦胧之美，粗看，脉络交错起伏;细看，形态更加逼真，有一种呼之即来挥之即去的灵性。传统手工纸的美，不仅体现在形态美中，还有意蕴之美，能增加人们对自然的联想，感受自然的博大与变幻，让人们的思想在纸张的形态美中得到净化与提升（图 2-5）。

纸张肌理的形态美源于自然，手工纸的工艺可以制造出带有天然肌理的纸，各种植物的纤维通过手工处理产生的肌理非常奇妙，如树叶、花草等自然形态在纸张中自由地舒展，原生于自然界的植物以全新的方式再现生命之美，让人爱不释手。这是自然肌理之美在纸张中的呈现，透露着生命的质朴美妙。[2]

2.2.3 手工纸肌理与性能的关系

中国传统手工纸的肌理不但具有独特的视觉效果，还有优良的物理特性，其中最突出的就是具有优良的润墨性与耐变性，使其在书画用途中具有其他机制纸无法企及的艺术化表现效果。

首先是润墨性。以四川夹江的竹纸为例，其润墨性非常突出，笔触所及之处墨水均匀化开，着墨深浅变幻，浓淡相照，重墨时乌黑，轻墨时淡显，层次分明（图 2-6）。夹江竹纸能达到这样的润墨效果，源自造纸所采用的竹子材料，因为竹纤维不仅细密，而且还有许多与纤维长轴平行排列的纤维细胞壁，里面残留的碳酸钙既能提高吸附能力又能起到中和作用，能防止纤维素发生酸性降解。[3] 这种独特的材料结构使夹江竹纸的润墨性比其他纸张更具特点与优势。

其次是耐变性。以安徽泾县宣纸为例，因为其青檀纤维孔隙均匀，含杂质数量少，干湿收缩率很小，在纸面受水墨后不发翘、不起毛、不起拱，稳定性好。虽然成品宣纸依然存在一定的变形性，但这种变

[1] 田琪．“文质彬彬”的传统手工纸 [J]. 美术大观，2013，5.
[2] 周玉基．纸本书籍设计中的纸张美感探究 [J]. 艺术评论，2007，12.
[3] 刘仁庆．关于宣纸四大特性的解释 [J]. 纸和造纸，2008，6.

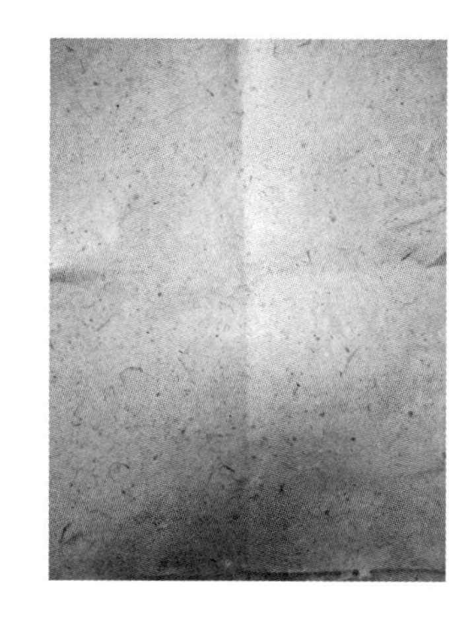
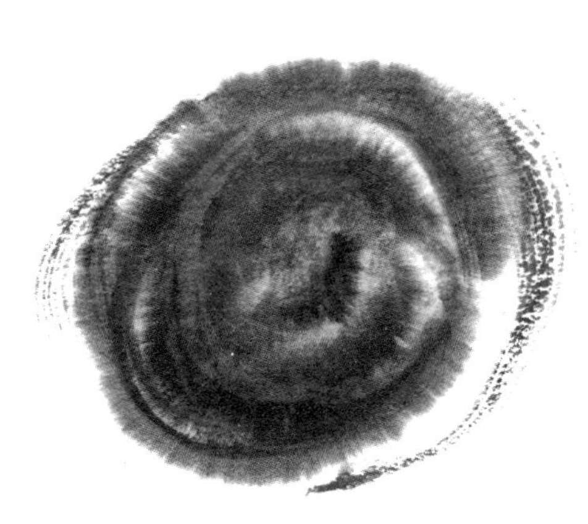

图 2-5
云南傣族手工纸的肌理形态
图 2-6
四川夹江手工纸的润墨性体现

形性会在时光中日渐削减，削减至接近恒定。这样的稳定性很受书画界的青睐。宣纸是一个由大量纤维形成的多层网络体系，纤维之间结合面积较大，结合力较强。抵抗光线、热能、水分、微生物等自然因素对其性能的影响很大。宣纸的耐折度、撕裂度、白度等均是提高耐变性的积极因素。此外，宣纸的抗虫性也非常好。目前被研究确认可能对纸张产生危害的昆虫共有 14 大类 70 余种，如黑皮蠹、花斑皮蠹分别喜食蛋白质纤维、淀粉类食物，而宣纸的主要原料是青檀韧皮纤维，害虫不爱吃，因此其抗虫性较好，进一步提高了其耐变性。

2.2.4　手工纸与机制纸的肌理对比

传统手工纸作坊在乡间进行生产，其采用的是传统的方法，其工艺与现代工业造纸相比原始很多，生产出来的纸张比较粗糙，没有工业造纸的精致与良好的性能，但它的特点不是现代工业的高质量，而是传统文化的再现。手工纸与机制纸在现代文化与生活领域中各有用途，它们在肌理上有以下三方面的不同。

首先，手工纸的原料是用石碓舂出来的，无法形成足够细度的纸浆，而且纤维大小不一，因此会具有粗糙的纹理。而现代机械造纸是用机器来粉碎原料，能使纸浆中的植物纤维大小均匀，所造的纸张更加精致平整。

其次，因为传统手工纸的生成速度慢，其在打浆中不添加任何添加剂。但添加剂是改进纸张结构和性能的重要辅料，在现代工业造纸中离开造纸添加剂便不可能生产出高档的纸和纸板 [1]。手工纸的应用

[1]　尤尼，马杜拉．快捷地将湿部添加剂注入造纸工艺过程 [J]. 国际造纸，2008，1.

比较单一，大部分只是作为书画用纸和冥纸使用，没有必要使用添加剂，因而也就没有机制纸那么高的生产效率。

最后，传统手工纸在抄纸晾干后即可使用，没有压光和压纹等后续环节，也没有施胶和覆膜的处理工艺。这样生产出来的纸张表面比较朴素自然，更能体现传统意味和古朴色彩，但韧度与表面光洁度都不如机制纸。而且现代造纸厂引进先进的自动化生产机械，能够极轻易地实现多种纸张的大批量生产，比手工纸效率更高、质量更好。

2.2.5 文化大师对手工纸的评价

日本文学大师谷崎润一郎对手工纸的评价非常高，说当他看到中国纸和日本纸的纹理时就会感到温暖，心情也会因此变得平静。虽然都是白色，但手工纸的白色与机制纸的白色有很大的不同。手工纸的白色像雪一样柔和，具有均匀的吸光性，让人感觉舒适。另外，手工纸手感柔软，抖动时几乎没有响声，感觉非常安宁，这就是手工纸的精神实质。[1] 中国传统手工纸的肌理与材质具有多种优点，如纸质肌理分明，细密坚韧，润墨性好，耐蛀，不易腐，能长久存放，且久藏后色泽更加柔和，墨染色更具意蕴（图 2-7），因此当宣纸自唐代发展起来之后，便迅速得到文人墨客的青睐，大家都热衷于采用宣纸创作书画艺术。直到现代，许多著名的书画家如李可染、吴作人、赖少其、黄胄等依旧十分乐于拿宣纸来挥毫泼墨。[2]

2.3 中国传统手工纸的工艺变更研究

中国传统手工纸来自民间，在对传统文化的应用中，一方面，我们可以直接纳用，另一方面，可对传统进行创新改良，以适应现代生活与文化的需求。对传统文化的创新发展是继承传统文化和发展时代新文化的有效途径。我国传统手工纸由于生产工艺传统，材料单一，目前多作书画用纸及冥纸使用。要拓展传统手工纸的应用范围，必须从生产工艺的层面着手进行改变。

所谓纸，就是从悬浮液中将植物纤维、矿物纤维、动物纤维、化学纤维或这些纤维的混合物沉积到适当的成形设备上，经过干燥制成

[1] 田琪．“文质彬彬”的传统手工纸 [J]. 美术大观，2013，5.
[2] 刘仁庆．关于宣纸四大特性的解释 [J]. 纸和造纸，2008，6.

的平整、均匀的薄片[1]。从上述定义可见，只要手工纸在工艺上没有脱离纤维薄片化的过程，便依然属于造纸范畴。因此，我们可以在保留手工纸的历史气息与工艺精髓的前提下，用增加材料和改变部分工艺的方式，生产出多种具有不同审美特点，符合现代创意设计需要的纸张。这能为中国传统手工纸赋予更多的新功能与新角色,意义重大。

对中国传统手工纸的工艺变更有两方面，一是改善现有工艺，二是添加后续工艺。变更的原则主要是考虑性能状况、美学因素和实施可行性。当然，工艺的更新不能改变手工造纸的核心方法和基本特色，它只能在保持中国传统手工艺精髓的基础上尽量吸收现代制浆造纸技术来代替一些生产效率较低的工序和不必要的手工操作[2]。同时把现代机械造纸的先进工艺穿插在手工造纸的过程中，改善手工纸的质量，扩大手工纸的产出量，增加手工纸在现代生活中的应用，从而实现把传统手工从深山带向城市，从古远带向现代的活化并加以保护的目标。

2.3.1　增加复合材料的纸张效果

取材天然虽然是传统手工纸特色优点，但纸张的表现形式较为单一。若从原料上着手，在原料中兑入其他浆料，如木浆、棉花浆、草浆和荧光粉等，调和传统手工纸的质地与外观，将会获得惊喜的效果。改变手工纸原料的手法早有先例，如书画使用的宣纸，也会在青檀皮浆中添加稻草浆、楮皮浆、桑皮浆、麻皮浆、竹浆等多种材料用以丰富外观与性能。[3] 我们在制作实验中加入了混合材料及荧光粉后，纸张产生了不同以往的形态，在纹理、厚度、颜色等方面都相应有了不同的特性。这些特性不同于市场上销售的珠光纸、皮纹纸等机械化的特性，而是基于制作者的主观创作理念，特意选择材料后呈现出来的，其制作过程及结果有创意性及实验性的意味，所得到的纸张本身就是一件完整的设计作品，可以独立地表达制作者的情感或思想。

在第一个实验中，我们在竹浆中加入草浆与皮浆。这些材料的兑入会加深纸张的显色，让色泽更深沉。草料对纸张纹理的影响不明显，但如果加入白千层的树皮，纸张除了色泽加深以外，白千层纤维活泼的线条还会让纸张呈现出抽象的纹理，让纸张的外观更加特别（图 2-8）。多纸料混合的另一个方法是用废纸制作再生纸。再生纸的

[1]　根据《纸、纸张、纸浆及相关术语》（GB4687-2007）.
[2]　王菊华 . 中国古代造纸工程技术史 [M]. 山西：山西教育出版社，2006.
[3]　石晶 . 手工纸吸水性能的改良研究 [J]. 工业技术与职业教育，2015，11.

推广有利于宣传环保，节约资源，具有重要的社会意义[1]。例如用废弃的白纸进行试验，在废白纸的浆液中兑入竹浆，会得出色泽更柔和的白纸。

[1] 董锐才. 论再生纸业清洁生产管理[J]. 绿色科技，2010，2（2）.

在第二个实验中，我们把银色和蓝色的荧光粉加入到废纸浆液中，得出了兼备闪耀光泽与古朴质感的新纸。这两种荧光粉加入纸浆中以后，在古朴的颜色之外给人以极高的光泽感与炫目感，赋予纸张闪耀的个性和气质，使纸张可以有更大的用途（图 2-9）。

在手工纸制作过程中加入其他与个人的情感或记忆相关的材料，相比较于机械生产的特种纸，具有了更为丰富的内容和思想内涵。如若想将愉悦的记忆呈现在手制再生纸中，所添加的材料便可以是欢快、轻松的，如花瓣、树叶等，使纸张呈现出细腻、温和的感觉，摸起来柔软，闻起来清香。若是沉痛的记忆，所添加的材料可是沉重的，如木屑、石渣等，最后所形成的纸张便带有生硬的距离感，使人们不愿触摸。为手工纸添加其他物质是通过对纸张特性的理解，让这些带有性格的复合材料纸张能够具备性格特征，为我们特定的主题服务。

不论是机械造纸还是手工造纸，纸张本身都具有一定的性格内涵与艺术效果，可供人们研究与解读。从人的视角出发，发掘手工纸张所具有而机制纸缺乏的独特性格特征，使更多的人意识到手工纸能够

图 2-7
宣纸绘画的效果（赵秀珍绘）（左）
图 2-8
加入混合材料后的纸张效果（右上）
图 2-9
加入银色荧光粉后的纸张效果（右下）

承载更多的个人情感与感受。这样能使人更加关注手工造纸本身所具有的历史感与人文感，并在此过程中提醒我们关注传统手工造纸的发展与保护。

2.3.2　表面施胶处理的性能改变

材料是产品的基础，材料的应用是一个开放、自由、多元、变化的领域。材料的意义并不在材料本身，而在于彰显人类应用、探索、开发、创造的精神。纸张是表达情感、思想、设计的重要材料。在一张手工纸的制作过程中，经过选料、泡料、煮料、打浆、抄纸、凉纸等一系列工序抄成的纸叫原纸，它没有任何后续的加工，这种纸张的表面不可避免地会有一定的疏松性。为了改善纸张的性能，我们需要对纸张进行后期处理，以改善其物理性能。手工纸的一般物理性质包括基重、吸水度、白度、强度等，它们对墨色和墨性方面均有影响。在手工纸的制作过程中，因对其进行了二次加工，使其具有特定的质感、纹理、触觉、气味、色彩等带有强烈个性化的特色，打上了明显的个人印记，便有了故事与性格。[1]

纸张的施胶技术较为简单，古代书画纸就有在抄得原纸后加胶、矾制成“熟纸”的技术。经过加胶的纸张较为坚硬、挺直，但在绘画时渗墨性不好，会有呆滞之感。但反过来如果完全不施胶，纸张又会使吸墨性太强而不好控制。人们后来创造出一种“轻施胶”技术，用皂角代替明胶，适当控制其分量，可得到想要的效果[2]。轻施胶能堵住纸孔，提高纸张内聚性并避免外表起毛，同时减缓了墨水的扩散作用。[3]

我们在实验中对广东四会手工纸进行施胶处理，把用由淀粉、皂液和胶水兑成的材料均匀涂在手工纸上，纸张在烘干后由原先疏松的质地变得更加坚韧细密，改善了着墨后渗散的现象。施胶工艺的好处很多，比如还能锁定纸面的纤维，能防刮损、防脱毛，使纸品具有更好的视觉效果与装饰效果，因而施胶工艺是提高手工纸性能的有效途径[4]。以广东四会手工纸为例，其施胶以后质感更厚实，色彩更深沉，在以后的使用中使纸张的质地、温度、肌理、软硬等具有新的特点，形成一种无声的艺术语言，别有风格。然而，施胶也会有负面效应，

[1]　王诗琪 . 手制再生纸介质的材料语言与应用研究 [D]. 山西大学，2016，6.
[2]　戴家璋 . 中国造纸技术简史 [M]. 北京 . 中国轻工业出版社，1994.
[3]　石晶 . 手工纸吸水性能的改良研究 [J]. 工业技术与职业教育，2015，11.
[4]　王菊华 . 中国古代造纸工程技术史 [M]. 山西：山西教育出版社，2006.

经过施胶的纸张柔软度会降低，纸质会变脆，因而在应用过程中要因需而行。

2.3.3 压纹压光处理的表面变化

将手工纸张在其原有基本材料的基础上，通过压纹压光，使最后所制作出来的纸张带有的不同的性格，使纸张本身可以成为叙述思想，表达情感的载体，扩大并表达了手工纸的内涵，有针对性与目的性地表现纸张这个文化媒介丰富的艺术气质。

压光、压纹是现代造纸中的常用手法，能形成品目繁多、效果丰富的纸品。在压纹处理中，一般以热压获得粗纹纸，冷压获得细纹纸。在工业生产中纸张的纹理或颗粒效果一般是通过有花纹的滚筒或凸版用专用压纹机、印刷机或模切机加压完成[1]。

笔者通过实验，采用冷压的方式。利用竹帘的纹理给复合材料制作的厚皮纸增加规则的条纹（图 2-10）。由于复合材料的纸张纤维较粗，具有狂野的风格，压纹后在狂野中增加了秩序美，其规整的纹理和无规则的纤维相互配合，使纸张的精神内涵增加不少，具有更多的质感和创意，能在很多需要纹理的包装、海报、书籍中得到更好的使用。在压光的效果试验方面，笔者主要应用打印机的滚筒来对纸张进行热压，压光后的纸张表面光洁细密，书写时笔法也更加顺畅，更

[1] 康启来 . 压纹包装纸生产工艺技术之我见 [J]. 印刷世界，2009（9）.

图 2-10　对纸张进行压纹处理的效果

为难得地是纸张的纤维纹理也依然存在，只是稍微平扁了些，不影响艺术效果的表现。

纸张来自于植物的纤维，本身柔软而有适度的弹性，且散发着自然的温暖。手工纸具有色相柔和，性能稳定，可循环再造的特点。在手工纸制作的每个过程中，纸张本身都被赋予了特殊的内涵。当我们用手指捏着它时，纸的肌理让指尖触感舒服。[1]

2.3.4　添加色彩纹理的纸张效果

表现色彩是纸张的重要功能，纸张的颜色有很多种，在表现色彩方面各有千秋。纸张的白度越高，印刷的墨色越出彩[2]。因而市场上的纸张以白纸数量最多。自带色彩的彩纸在呈现墨色时，呈现出来的颜色是纸色与墨色合并的综合色。然而也不是说彩色纸就不好，它能满足白纸以外的市场需求。

手工纸的染色加工在古时已有先例，古人尝试了染色、浸油、印花、流沙、洒金银及云母粉等加工处理，这些处理有的是为了赋予纸张特殊的性质，有的则是为了装饰上有良好的效果。其中装饰性能较好的有流沙纸，流沙纸色彩丰富变换，如云彩舒开，是书法、包装及其他装饰用途上的优秀品种。流沙纸的制作工艺是先把扩散防混剂兑入墨彩，再把处理过的墨彩在水面点散，水流冲散墨点并形成随机自然的流线型图案，这时把手工纸覆盖在水面吸收彩墨，精彩的流沙纸便制作完成。除外还有一种“大理石纹纸”，能在纸面上呈现出大理石纹或其他图案颜色，制作“大理石”纹纸的主要方法是在各种颜料中加入收敛剂和扩散剂。[3]

纸张不仅是空白书写材料，也不仅是承载信息的工具，还有着自然与人、历史与人的种种联系。在自制手工纸的过程中添加关乎个人情感或记忆的色彩，使纸张本身具有独特的气质。这样可以使人们更便于解读纸张中材料语言所传达出来的信息，关注纸张本身所具有的表现力。手工纸因为添加了不同的色彩语言而具有了不同的性格特征。在使用中,这些色彩语言还可以代替某些图形、图案,甚至是文字,传达一定信息，其表达方式更趋于本真而且纯粹。[4]

中国传统手工纸本身具有植物纤维素的颜色，为了在设计中有更

[1]　王鹏．纸媒介的感受传达 [D]. 中央美术学院，2014，5.

[2] 孙寅、张逸新．纸张表面粗糙度和照射条件对纸张白度的影响 [J]. 包装工程，2005，26（5）.

[3] 郑炽嵩、罗琪．菲律宾手工纸加工和纸工艺品的制作技术 [J]. 广东造纸，1990，7.

[4]　王诗琪．手制再生纸介质的材料语言与应用研究 [D]. 山西大学，2016，6.

多的表现效果，笔者尝试在广东阳江传统手工纸原来自然色的基础上施加了红、绿、蓝等多种颜色。手工纸的吸墨性能有别于其他纸类，同时手工纸的纤维肌理比较明显，因而在经过染色处理后，手工纸能够呈现出更为丰富的色彩肌理，效果奇妙。

手工纸的色彩变更方法有溅色法、水墨法、撕贴法、压印法、木纹法、叶脉法等，这些手法都能使纸张被赋予丰富的色彩肌理。色彩肌理的构成形式可以是重复、渐变、发射、变异、对比等一种或几种。在对上述手法的实验中，溅色法与压印法是工艺最简单且所得纹理效果较为理想的手法，适合在创造性色彩表现的领域普及和应用（图 2-11）。

纸张的美源于新材料、新工艺和新技术构成的造纸艺术。传统的手工纸制作与加工，以单一的形式获得了丰富的表现效果，其美学价值不可低估。纸的外观与性能在不断发展延伸，纹理和色彩在日益丰富，纸张的触感与光感也在延伸发展。“凝采”珠光花纹纸是纸张光感延伸的例子。“凝采”珠光花纹纸具有“闪银”效果，印刷金属特质的图案非常出色。[1] 经过加工处理的纸张，兼备天然的质朴气息与时尚的审美因素，从而形成古今相映的独特艺术效果。

[1] 周玉基．纸本书籍设计中的纸张美感探究 [J]. 艺术评论，2007，12.

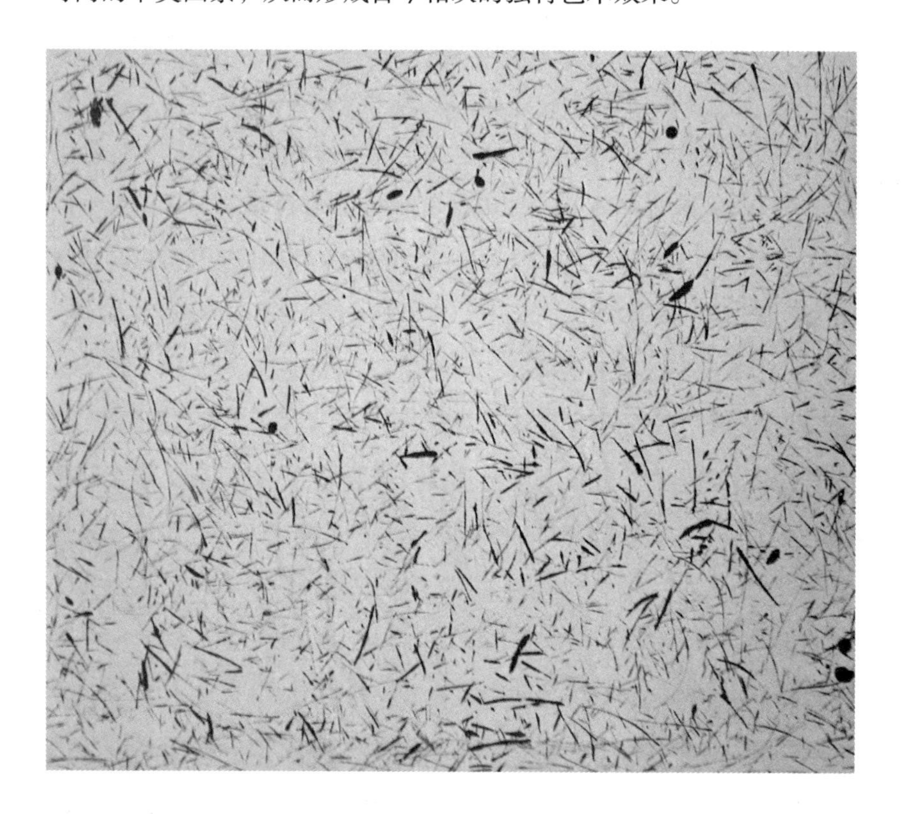

图 2-11
广东阳江手工纸的色彩纹理表现效果

2.4　中国传统手工纸与印后工艺

纸张要在现代设计中得到广泛应用，不能只研究其手工绘制的表现效果，还必须研究其在机器印刷上的应用效果，分析各种印刷方式的异同，探索效果良好的印刷方法，解决手工纸印刷适性的问题。随着工业技术的发展，特别是高科技给包装技术和纸张材料带来的变革，手工纸在现代设计业中的应用有了更多可能性。

我们在设计创作时要提高表现力就要对材料特性和加工技巧更加熟悉，要根据材料的各项性能和外观进行设计应用，只有材美工巧才可使作品锦上添花。总的来说，设计师除了要了解纸张的构成外还要对其印后工艺的情况有一定的认识。[1]

2.4.1　手工纸的印刷效果分析

为了研究手工纸的印刷效果，我们在激光和喷墨印刷机上分别进行试验。其中在激光印刷机上打印出的墨点非常精确、清晰，适合印刷文字、图表等类型的资料。因为激光印刷机用碳粉上色，不用油墨，没有渗散性，所以在质地疏松的手工纸中亦不会受影响。激光印刷机在后期要经过加温加压才能使碳粉熔化渗入纸张的纤维中[2]。这个过程还可以顺便通过硒鼓对纸张进行压光，改善了纸张的表面性能，使其在印刷后可以进行书写，方便在阅读中做记录。

喷墨印刷机用的是油墨，具有一定的渗散性，其在手工纸上的印刷效果如同在纸上用墨水书写，着色较深且有一定的颜色扩散。不过印刷机对墨水的控制比手工书写好很多，不会有明显的墨水渗散现象出现,对印迹的准确性也并没有太大的影响。喷墨印刷适合用于草稿、写意画等对图文精确度不高的图文资料（图 2-12）。对于很多艺术作品来说，一定的颜色扩散反而使画面具有过渡效果，使图文形象如同融化在纸中一样，创造出有立体质感和朦胧效果的作品，有助于表现洒脱奔放的艺术气质，达到灵动飘逸的表现效果。

[1]　张昙 . 纸材在包装设计中的应用研究 [D]. 湖南工业大学，2009，5.

[2]　东蓠 . 黑白激光打印机工作原理及换粉技巧 [J]. 电子制作 - 电脑维护与应用，2005（7）.

2.4.2　手工纸的印后工艺应用

现代印刷厂常用的印刷方法有平印、凸印、柔性版印刷、网版印

图 2-12
宣纸在印刷机上的印刷效果

刷、干胶印等，在印刷全过程中，前期在印刷机上完成的只是第一步，只是通过印版把油墨或碳粉转印到纸张上去。但在很多时候这样还不够，我们还要根据纸张的形状、印刷品的用途和设计创意需要进行一系列的后期处理。这些处理的工序很多，如印金银、上光、覆膜、模切、压凹凸、烫电化铝等。印后加工在业界一直十分流行，因为它不但让纸张呈现的效果更好，也使印刷品具备了更多的用途，满足更多的使用需要。

1. 金、银墨印刷

金、银墨印刷在高档的广告或书籍、包装印刷中经常用到，它是单色印刷的一种，能获得较好的装饰和防伪效果。除了金银色之外还可以有珠光墨、荧光墨、磁性墨等。这些材料能有效提高印刷品的效果，使金装银饰显得雍容华贵，能大幅度提高印刷品的质量和档次。

2. 上光、覆膜

印刷品的外观与光泽有很大关系，由于手工纸表面的纤维存在间隙，较为粗糙，无法产生光滑的效果。为了改善这个情况，我们可以在印刷完成后再给印刷品加印一层光油或压一层薄膜，这样会感觉印刷的颜色饱和度更高，显得更加鲜艳悦目。另外，纸基经过覆膜或加印光油后，在防潮防烂方面的表现会更好，也会更加结实，因此上光、覆膜工艺的使用非常普遍。

3. 烫印

烫印也是为了增加装饰效果而在印后进行的一种加工方法。主要是用铜锌凸版在烫印机上把金箔或铝箔加热后压印在印刷品上。这样可以产生局部光彩夺目的效果，具有非常强的视觉冲击力。由于金箔和银箔比较贵，目前普遍使用电化铝的烫印方法，它价格低廉，效果好，被广泛用于图书封面、商标装潢、高档包装、证书贺卡等印刷上。

4. 凹凸压印

在印后工艺中，凹凸压印是很独特的方法，它将浮雕艺术造型与压印工艺相结合。进行压印前要依照印版上物体的形态和明暗制作凹凸模板，然后施加压力使纸张发生塑性变形，最终不用油墨也能产生丰富的浮雕造型（图 2-13）。这种工艺增强了纸盒包装表面的立体感和艺术感染力，提升了商品的档次。

5. 模切压痕

在包装印刷中，有不少白板纸盒印刷品，如牙膏盒、小礼品盒以及形形色色的折叠纸制品等。这些盒子在印完之后还要将纸制品展开成平面后依照盒子的形状和尺寸在纸板上进行切割和压折痕，最终方便形成盒型或其他特定的形状。模切压痕的技术在现代装潢设计中经

图 2-13
在手工纸板上压纹的效果

常被用到，能在印刷品中产生简洁而精致的设计效果，还能增加明显的触摸印象，便于设计品牌的建立，增加受众对信息的感知力度。

手工纸的工艺研究不仅是对传统文化的传承和对可持续发展的追求，还是适应现代设计应用的需要。在新媒体的冲击下，纸张的使用曾一度低迷，但之后人们开始重新认识与思考纸媒介在我们的文化与生活中的作用。手工纸比僵硬的机制纸更有设计表现力，我们可以通过手工纸的形式魅力加强设计思想的表现，展示纸张所独有的艺术魅力。我们在其印刷品上适当应用烫金、上光、覆膜、模切等效果，不但能延长使用寿命，还能增加美感，提高顾客的喜爱度，促进销售。[1]因此今后将会出现更多手工纸张的研发技术。[2]

[1] 张昙 . 纸材在包装设计中的应用研究 [D]. 湖南工业大学，2009，5.

[2] 王诗琪 . 手制再生纸介质的材料语言与应用研究 [D]. 山西大学，2016，6.

第 3 章

中国传统手工纸的艺术应用

纸的发明与完善结束了我国古代竹简与锦帛使用的历史，这是我国劳动人民多年勤劳和智慧的结晶，促进了中国及世界各国的文化交流与传播。纸张只有在作为文化交流和保存信息等人们生活中重要应用时才有更大的价值，因此我们要把纸张应用到文化艺术的各个方面。[1] 纸与设计师有着密不可分的关系，一直被用于书写、绘画、包装、工艺品等设计应用。纸作为一种信息媒介有着巨大的潜力可供挖掘，并能构成新的语言形式，更好地为文化艺术的发展提供服务。[2]

在艺术设计领域，纸张是不可缺少的材料，虽然在绝大多数设计中，纸张仅作为设计要素之一，但其应用范围非常广，不论是书写、绘画、印刷，还是雕刻、折叠、裁剪、装饰等，都能看到纸张的影子（图 3-1）。虽然艺术、文化的重点是纸张上的文字、图形、色彩，纸张本身只作为辅助语言参与其中，但纸张作为一项传承千年的发明，无论是其制作过程还是纸张本身，都有非常多可供人们发掘的审美内涵与表达空间。手工纸更是如此，其形状、状态、使用方式等都具有妙不可言的审美魅力，不仅因为其具有的浓厚的历史感，更有制作者本身的情感体现。

我国传统手工纸的用途虽然很多，但在类目繁多的机制纸中还是显得势单力薄，如果不重新找准其定位和新的应用方向，将很快被抛弃。传统手工纸有独特的肌理和颜色，它在艺术审美、生态理念方面非常出色。我们要针对其特点来进行应用研究，充分发挥其长处，寻找更广阔的发展空间。手工纸纤维较长，具有独特的肌理与颜色，除了书写和包装外还可以制成各种工艺品，如纸伞、信纸、纸袋、名片、

[1] 刘仁庆 . 略谈古纸的收藏 [J]. 天津造纸，2011，9.

[2] 王鹏 . 纸媒介的感受传达 [D]. 中央美术学院，2014，5.

图 3-1
手工纸的设计作品展

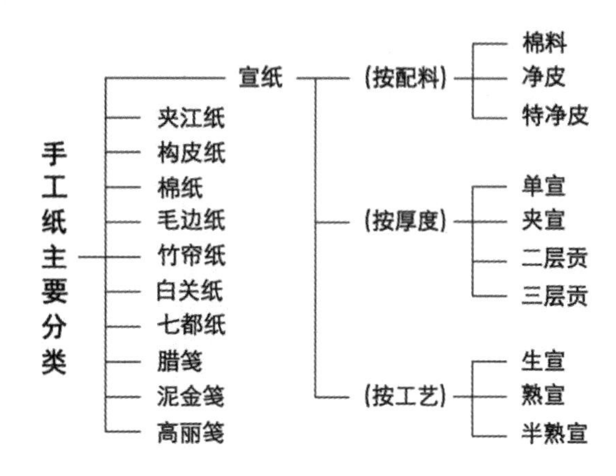

图 3-2
手工纸的主要分类

年历、烟盒、纸扇、纸盘、纸牌、年画等，体现出现代纸艺的繁花似锦、争奇斗艳。[1] 笔者从 5 个方面研究中国传统手工纸的艺术应用。

3.1　中国传统手工纸在书画艺术中的应用

书画艺术在我国的传统文化中具有悠久的历史和深远的影响，在我国传统文化体系中占有重要地位。中国传统手工纸的最直接用途就是作为书画用纸，在毛笔时代，手工纸的浸润性非常合适应用，深得文人墨客的喜爱。手工纸在传统文化艺术方面有着卓越的贡献。我国传统手工纸品种众多，功能各异，根据原料与制造工艺的不同，手工纸可分为宣纸、夹江纸等十多种。各个品种的性能和用途各不相同，不同的书画表达需要使用与之对应的手工纸。[2] 例如浅黄七都纸一般用于书写大字，毛边纸一般用于书写小字，写屏联多用宣纸及冷金笺，摹帖的用油光纸，临帖的用田字格或九宫格纸等。书画纸的种类及分类方式如图 3-2 所示。

3.1.1　手工纸在书画艺术中的应用历史

虽然绘画在西周时便已经兴起，但直到秦汉时期也未形成真正意义上的中国画。历史上普遍认为东晋才是中国画的真正起源时间，依据是顾恺之在东晋时期著有《洛神赋图》和《女史箴图》等画作。自东晋以来，手工纸的制造与普及得到了飞跃发展。手工纸的发展为我国传统书画的发展提供了很大的便利与条件，同时，书画的发展也反过来促进手工纸的普及与发展，两者之间相辅相成。

[1]　郑炽嵩、罗琪．菲律宾手工纸加工和纸工艺品的制作技术 [J]. 广东造纸，1990，7.
[2]　王诗琪．手制再生纸介质的材料语言与应用研究 [D]. 山西大学，2016，6.

手工纸发展到南北朝时期，已形成批量生产的规模，当时的纸张质量得到很大的提升,纸张规格也得到了统一。[1] 展子虔的《游春图》是我国目前发现的最早期的山水画作品，年代出自隋朝。隋朝的画作流行使用“烘染法”。到了唐代，经济的繁荣带动了文化发展，中国画在唐代获得的成就不少，绢本、纸本并行发展。唐代中晚期，宣纸的出现又为中国书画的发展提供了腾飞的翅膀。

到了元代，我国的书画艺术发生了很大的变化，画作的题材从人物转向自然的山水花鸟，画家们更钟情于山水写生，画风意境趋向奔放，泼墨等手法的使用挥洒自如。当时出现了“元代四大家”，他们创作了大量的纸本山水画，让中国山水画的发展走向了巅峰。进入明清后，宣纸的产量与质量再度提升，在纸画相成的效应下，明清时期的杰出画作踊跃面世，至今依然是民族瑰宝。[2]

3.1.2 纸张的发展与文字的演变关系

中国的文字在发展之初，便是许多象形图案，后来逐渐演变成当今的字体模样。中国的文字与绘画有着密不可分的联系，可谓书画同源。中国文字包含着实用性与艺术性的双重特质。从文字延伸而来的书法艺术，也同时具有实用性、艺术性与思想性的多重特征，深受历代文人墨客的喜爱。

纸张的发展与文字自身的演变是相契合的。在古代，文字的书写载体只有甲骨与石块等纯天然的物件，这些物体质地坚硬，不利于书写，致使古代的文字没有大范围普及。到简牍时代，竹简是主要的书写载体,由于竹简的表层带有弧度,因而人们采取“蚕头”“雁尾”“左波”“右磔”的书写方法,有了隶书中的“点、横、竖、波、磔”等笔法。到了魏晋时期，纸张开始代替竹简普及于书写领域。纸的出现大大地改善了书写的质量。纸张面世后，人们可以书写比过往更大的字体，并更好地发挥毛笔的性能。在书写的过程中，书法的起笔、行笔、收笔以及提按、使转等细节都在纸张上得到更好的发挥，在性能的变换应用间逐步确立了各种符合人们审美情趣的文字笔法（图 3-3）。例如，唐朝时期代智永所创立的“永”字，里头就囊括了8种书写笔法。[3]

[1] 翁子杰 . 论汉末魏晋文字发展孕育的物质基础 [J]. 南阳师范学院学报（社会科学版），2006，7.

[2] 刘仁庆 .“纸文化杂谈之四刍议与纸有关的国画 [J]. 中华纸业，2011，1.

[3] 翁子杰 . 论汉末魏晋文字发展孕育的物质基础 [J]. 南阳师范学院学报（社会科学版），2006，7.

书法中的笔法表现和墨水的干湿效果取决于人们对纸张的运用。人们在书写的实践中，逐渐形成了优化文字、表现文字艺术性的需求。在使墨、运笔与用纸的书写实践中，人们不断研究笔画与笔画之间的衔接关系，逐渐探索出纸质与书写的契合关系，并由此逐渐规范书写的姿势与规则，获得了表现更丰富、笔法更规范、结构更严谨的多种书写字体。

3.1.3　各类手工纸在书法中的应用效果

我国书法艺术的表现效果与手工纸有着很大的关系，因为书法艺术的基因就是崇尚清高与淡雅，而手工纸在这方面恰好有得天独厚的优势，两者结合之后在表现艺术的高雅格调上非常出色，即使没有其他装饰图形与套印等复杂工艺，也能体现出书法艺术作品的材质优势与审美魅力。

1. 广东四会手工纸在书法中的应用效果

中国传统书法讲究格调高雅，因而对书写材料的要求是质地优良、色彩质朴，过于花哨的图案、装饰，以及过于复杂的套色，都不为传统书法所用。我国传统手工纸的制造工艺与机制纸相比，浆化度和白度都低很多，在纸张晒干后也没有进行后期加工，因此其纸张质地疏松，表面粗糙，肌理感强，吸水性好。那些纵横交错的纸纤维在书法的使用上具有优异的表现效果，但在使用上也非常讲究技巧。

广东四会手工纸色彩呈现为质朴的土黄色，这种黄色与墨色形成较大的反差，能获得清晰的书写效果（图 3-4）。

四会手工纸的黄，是相较于宣纸的白，能呈现更浓厚的文化内涵，也让书写更具创作趣味。同时，四会手工纸的质感与色彩为书写带来更加新颖丰富的视觉美。在书写的墨韵性方面，因为四会手工纸纤维度高而渗墨性强，在书写时润而不滑，墨色迅速散开，逐渐变淡，在墨迹的中间颜色光滑鲜亮。在手工纸的书写感受上因其粗糙度的问题，运笔时要有比较强的控制力，速度要快慢均匀，否则笔迹会显得不流畅。但这些都不影响其在书法上的应用，反而增添了书写的乐趣。[1]

总的来说，我国传统手工纸多呈米白色，部分呈土黄色，其与水

[1]　王菊华．中国古代造纸工程技术史 [M]. 山西：山西教育出版社，2006.

墨的颜色明显不一样，因此书写时墨迹非常突出，对比度高。手工纸比机制纸有更为丰富的纹理背景，其文化性、内涵性更好，同时在审美上有更新的视觉美，能在表现传统书画文化的历史内涵和健康环保的时代理念方面有更好的效果。

2. 四川夹江竹纸在书法中的应用效果

在中国传统书画的表现中，不同类型的纸张所获得的显墨效果不同，显墨性是鉴别纸张优劣的重要依据。在书法创作中，需要注意纸张质量对笔墨的适应性。如光滑的纸既不渗墨又不驻笔，写不出有力量的作品来。根据纸张与墨水的色彩相映原理，在大多情况下白对黑有浸润的效果，黑对白有吸收的功能。很多书法家总结出“纸硬笔毛要软，纸软笔毛要硬”的经验，因此我们在用手工纸书写时要使笔和纸刚柔相济，配合得当。

四川夹江竹纸呈米白色，有的薄如蝉翼，且整张纸柔软均匀、绵韧而坚、张力较大，经着墨后吸收非常好，能经得起着力揉擦，试笔时不会出现水墨洇化的情况；有的质厚细密，纤维纹理清晰可见，在书写时棉而不肉，着墨性适中，墨色渗出的晕圈清楚，干后留有清晰硬性的边缘，有一种厚重与分量的视觉感（图 3-5），深受历代文人墨客、书画名家所喜爱。

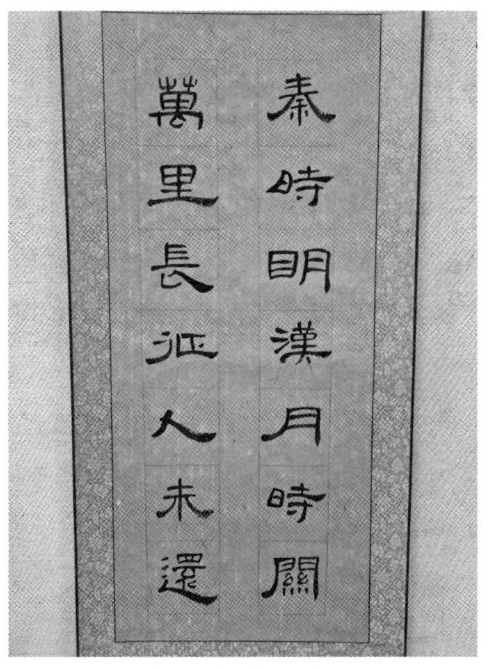

图 3-3
书法与手工纸（薛发明书）（左上）
图 3-4
广东四会手工纸的书法表现效果（李明星书）（右）
图 3-5
四川夹江竹纸的书法表现效果（薛发明书）（左下）

3.1.4　各类手工纸在绘画中的应用特点

绘画就是在二维平面上手工描绘各种自然或社会中的物像，画幅中的笔触反映着作者的性情、审美和创造力。绘画需要有丰富的经验，要借助颜色的深浅，线条的曲直，力度的轻重，节奏的快慢来表现物体的体积、质感和光影效果。

纸张是绘画的重要表现载体，其自身特征是左右绘画效果的重要因素。纸张的种类很多，如素描纸、写生纸、油画纸、水彩纸、宣纸等，它们的性能和绘画表现效果各异。如油画纸常采用棉花、絮棉、亚麻等长纤维制造，经压光机处理后，能够经受油彩、画刀的多次涂搽和揉擦。另外，西方绘画还会对画纸进行施胶，使其防水、抗油，画面干燥后保持长久光鲜。由于手工纸在初开发时期的生产规格较小，不利于大尺寸作品的绘制。因而，我国初期的绘画载体大多使用绢子，在唐朝与五代以前，绢是主要的绘画载体。后来造纸技术日渐发展，手工纸的质量越来越好，用于绘画的纸张慢慢多了起来，并成为主要材料。[1] 纸在绘画中的应用效果主要看墨韵，要求泼墨豪放、浓墨鲜艳、淡墨清晰、积墨浑厚。著名画家吴冠中曾经说过，书画家将乌黑的浓墨泼到优质的手工纸上，意念在驰骋于浓淡沉浮的变幻中，黑白相搏、浓淡相竞，画面的奇妙在棉质纸张中变换，显现出丰富的特色。[2]

1. 中国书画家们与纸的典故

画家一辈子都离不开画纸，对画纸的选择，往往能体现画家的性情与创作习惯。如宋代米芾偏好熟纸，因为熟纸作画时笔画更显细腻。元代“四大家”、文徵明、沈周及清代石涛、八大山人等偏好生纸，因为生纸作画时能营造磅礴的渲染效应。

画家们会选择适合自己性情与创作习惯的画纸，创作富有个性的画作。国画大师徐悲鸿在日常创作中偏好高丽纸（桑皮纸），在大幅或重要作品上用陈化宣纸。山水画大师傅抱石生前喜爱以皮纸作画，中华人民共和国成立前常用“云贵皮纸”（纸质较为粗糙，纸面呈灰白，纤维较长）。中华人民共和国成立后，傅抱石常居南京，因而改用附近出产的浙江的四尺温州皮纸作画。国画大师李可染对作画用纸的要求较高，提笔时非宣纸不落墨，并称：“无好纸绝无好画”，后来又传有他向安徽泾县宣纸厂工人鞠躬致谢的佳话。现代国画大师潘天寿也

[1]　吴勇，伍丹 . 纸在现代与传统绘画中的应用 [J]. 纸和造纸，2015，7.

[2]　田琪 .“文质彬彬”的传统手工纸 [J]. 美术大观，2013，5.

说过，中国古代文化就是靠宣纸等手工纸的文字记载才保持千古不灭的。

1942 年，国画大师张大千与晏济元同到夹江，与当地造纸槽户携手改良夹江纸，改良后的夹纸纸能与安徽泾县的宣纸媲美。1983 年 6 月，夹江县人民政府把夹江纸一律称为“大千书画纸”，用以纪念张大千先生。[1]“大千书画纸”一直是四川夹江纸的骄傲与象征（图 3-6）。

2. 广东四会传统手工纸在绘画中的意境分析

绘画非常讲究意境的营造，直观或抽象的形态都能构成意境，达到情景相融、意象相通的效果。如中国山水画就经常通过散点透视、虚实处理、意象造型等手法来展现画家的精神意境。画家是绘画作品的执行者，画家通过具体的审美形式把画作的意境表达出来，让观众得到美的感召。[2]

画家在宣纸上作画并不鲜见，但使用其他小类手工纸作画却少有人为。2004 年广东省美术馆李钢先生用四会邓村的手工纸创作了一组《2004 雅典阿提亚视觉艺术的奥林匹克》现代国画，被送到境外参展。[3] 但此后，再无其他画家对四会手工纸进行更多的绘画实践。

笔者在研究中探索四会传统手工纸在绘画表现中的方法与效果，分析四会手工纸对绘画的作用与意义，推广手工纸在绘画领域的应用，有效地传承四会传统手工纸。在绘画实践中，我们充分了解四会手工纸的吸彩与显色性能，扬长避短，对颜料与笔触进行多维组织，并强化手工纸纹理的表达效果，营造手工纸绘画的特有意境，使四会手工纸在现代绘画中发挥更大的创意与价值。

研究广东四会传统手工纸在绘画中的应用，主要是探索绘画艺术在手工纸中的最佳表现方式，观察其对不同颜料的吸收效果，使四会手工纸在绘画艺术中得到广泛的应用。在应用广东四会手工纸进行绘画的过程中，我们还可以用厚薄不一的颜料和力度得当的笔触在画面上形成多层次的组织效果，结合四会手工纸纹理的粗细以及颜色的深浅增强画面的美感，构造手工纸绘画的独特意境（图 3-7）。

3. 手工纸在综合绘画实践中的应用

传统的绘画一般是指用画笔、颜料等工具在一定尺寸的二维载体

[1] 刘仁庆 .“纸文化杂谈”之四 刍议与纸有关的国画 [J]. 中华纸业，2011，1.

[2] 孟红霞 . 浅谈传统绘画创作中笔墨意境的应用 [J]. 科技信息，2010（3）.

[3] 中国非物质文化网：http://www.chinaich.com.cn/search_detail.asp?id=1792&nclass= 媒体评论 .2010-3-12.

图 3-6
大千书画纸产品的包装纸（百度图片）（左）
图 3-7
广东四会手工纸的水墨表现效果（赵秀珍绘）（右）

（画布、纸、绢等）上作画。对于传统绘画，东方通常以笔墨塑造线条进行表达，西方则偏向于塑造块面结构。20 世纪开端以后，绘画领域逐渐步入对前卫艺术的探索，打破表现手法与作画载体的局限。如未来主义艺术家卡洛·卡拉用纸张拼贴的方式对自由文字绘画进行实践，达达主义代表人物之一玛特在平面创造性设计中采用摄影、版面编排和文字的有机构成形成拼贴作品，对作品主题的表现起到了重要的作用，此后用纸进行拼贴作画的方式获得了广泛的应用。[1]

绘画的变革创新，可从绘画的材料、工具、表现手法及画幅尺寸上着手改变，打破常规的限制，跳出传统理念，改变作画的方法。我们首先对纸张进行各种改造，改善其表面效果和内在性能，如在纸浆中加入颜料或闪光颗粒改变纸张的色彩，或通过压模的手段在尚未干燥的纸面上压制出各种纹样，创造出色彩与形态丰富的纸张。然后再对绘画方式进行创新，可以摆脱画笔的约束，以滴洒颜料或刮擦的方式进行叠置、拼贴，在表现手法上努力突破传统和常规的局限。用手工纸进行创新绘画的创作，不仅能把手工纸的潜能发挥得更为充分，还能使绘画的语言更加丰富，进一步提升绘画的创作水平。

我们用广西桂林龙胜马海村的手工纸进行绘画创新实践。先将手工纸进行施胶和压光处理，然后用丙烯颜料绘制抽象画。因为纸张是经过加工的，所以在纸张结实度和表面光洁度方面都比较好，非常适合丙烯的绘画创作。在最终成型的作品上，颜色鲜艳的丙烯在土黄色的手工纸上非常夺目（图 3-8）。另外我们还用毛线代替颜料，先在手工纸上打出线框，然后再涂上胶水，接着用毛线进行填充，这样得到的作品具有非常好的质感，并能体现出柔和细腻的意境与风格（图 3-9）。

[1]　吴勇，伍丹．纸在现代与传统绘画中的应用 [J]. 纸和造纸，2015，7.

图 3-8
丙烯在广西龙胜手工纸上的绘画效果（上）
图 3-9
毛线在广西龙胜手工纸上的综合应用效果（下）

3.2　中国传统手工纸在书籍设计中的应用

书籍设计就是对整本书的装帧设计，是根据书籍的内容对书籍的开本、纸张、封面及内页的版式进行设计的过程。设计好之后再经过印刷及印后加工，折叠成一本完整的书籍。[1] 文字、图像、色彩、材料是体现书籍设计效果的三个具体因素。设计师在设计书籍时，首先要充分了解书籍的核心精神，然后再结合读者与出版条件等因素，对图文元素进行编排，以便更好地将书籍的文化意蕴传递给读者 [2]。书籍装帧设计是一个多方位的系统工程。如今，随着计算机的发展，印刷技术的提升，还有各种新型材料的发明和新工艺的突破，书籍的装帧设计的手法已越来越丰富。

在书籍装帧设计中，材料是书籍内容和作者思想的重要载体，是塑造书籍形态的物质基础。书籍装帧材料主要就是纸张，纸材的纤维结构、质地、纹理各不相同，显现出形式多样的相貌与性格特征 [3]。只有当装帧材料的色彩、肌理等因素与书籍自身的特征相吻合时，书籍的魅力才得以彰显，才有感召力，才得以发挥。恰到好处地选材能充分促进读者对书籍所包含思想的感应与共鸣。当前材料工业的进步，书籍成型技术的完善，为装帧材料的选择提供了广阔的平台。

书籍在文化传播中负有特定的使命，那就是传播文化和表达思

[1]　周玉基 . 纸本书籍设计中的纸张美感探究 [J]. 艺术评论，2007，12.
[2]　陆丹 . 论书籍装帧的文化意蕴设计 [J]. 美术界，2008（7）：61.
[3]　朱霭华 . 书籍装帧的纸材选择 [J]. 编辑之友，2000（4）：57.

想，书籍里哪怕是一行字、一块色彩、一个图案，都具有特定的意义。书籍装帧的三大表述语言是封面、扉页和插图，三大语言的表达左右着书籍的样式与品位。在样式表达以外，书籍装帧还需注重思想立意的表达，引领健康的书籍文化。现代书籍设计具有广阔的市场前景，具有丰富的设计创意及制作技术，各类新书得以不断问世（图 3-10）。

3.2.1　中国传统书籍装帧设计的特点

简朴是中国人崇尚的美德之一，这种美德也会影响书籍装帧的形态。中国古代的书籍装帧设计非常注重文化底蕴，注重体现文人的清高与气节，喜欢用端庄素雅的格调，要求能够反映出儒雅的气质和质朴的精神。雕版印刷的发明为书籍的发展奠定了基础，后来很长的一段时间直至铅印书籍时期都是模仿雕版书籍的传统形式。明清时的线装书，更是讲究“墨香纸润、版式疏朗、字大悦目”[1]（图 3-11）。

纸张的简朴美主要指精神层面的美，如纸张所隐喻的精神意境、道德信仰等。纸张本身并没有善恶好坏之分，但设计理念有先进与落后之别。由于纸是一种易耗性资源，造纸过程会对自然造成损耗与污染，因此相较于奢侈浪费的精装书籍，简装形式更透露出人性之美。书籍设计师应该节约资源，在纸张的选材、工艺、印刷、版面信息量等方面都体现简朴之美。[2]

当今世界的设计主流是“绿色设计”，破坏性的奢靡设计已无法得到认同。中国古人具有极高的审美水平，简朴思想在中国有较深的渊源，早在古代就体现在书籍装帧设计中。在 20 世纪 30 年代，鲁迅先生设计的书已讲究简练的意蕴。因而简朴美不仅是世界设计潮流的趋势，还是我国民族设计的精髓。新一代的设计师，应该在现代作品

[1]　许兵．“有意味的形式”—书籍装帧设计的整体之美 [J]. 浙江工艺美术，2005，31 卷（4）：65.
[2]　周玉基．纸本书籍设计中的纸张美感探究 [J]. 艺术评论，2007，12.

图 3-10
书籍设计大师吕敬人及其新书首发仪式（百度图片）（左）
图 3-11
中国传统线装书（孔夫子旧书网）（右）

中充分体现理性而崇高的民族设计精髓，呼应绿色设计，倡导简朴美学，深化“简朴美”的装帧实践，这是中国设计师的责任。

好的书籍装帧是不必披金戴银的，国外许多书籍装帧大师也注重书籍内容的体现多于附加的装饰。和人的外表一样，美的表现虽然不能否定外表的修饰，但内在的气质美更具魅力，更值得长时间去品味。读书和看电影不一样，需要读者用手去触摸，用心去体会。为了引起视觉反应和触觉感受，我们可以依赖文字内容和纸材特性的有机结合来共同传递书籍的信息内容和作者的精神气质。[1]

[1] 吕敬人 . 纸的表现张力[J]. 出版广角，1996，2.

3.2.2 纸张在书籍装帧设计中的应用

在纸质书籍的设计中，书籍的内容及主题思想已经不单是通过文字和图像内容来表达。书籍的装帧方式，纸张材料的选择、排版、印刷等无一不为渲染主题，烘托氛围而服务。而纸张是书籍内容最重要的承载物，直接彰显了不同书籍所具有的不同的特色。纸张中的纤维经过层层的打散与组合，千丝万缕地交错重叠，形成一张薄薄的纸片。这是一个精妙的微观世界，既丰富又含而不漏。纸张的表面是平静的，但在平静的表面下又隐含着强烈的生命力。这些生命力最终化身成纸张上的草木清香，为书籍增添一抹素净的情怀（图 3-12）。

从简策、卷轴到旋风、经折，到现今的精装与简装，书籍一直在制造工艺与材料构成中发展变化。纸张不仅简单地作为一种书籍的构

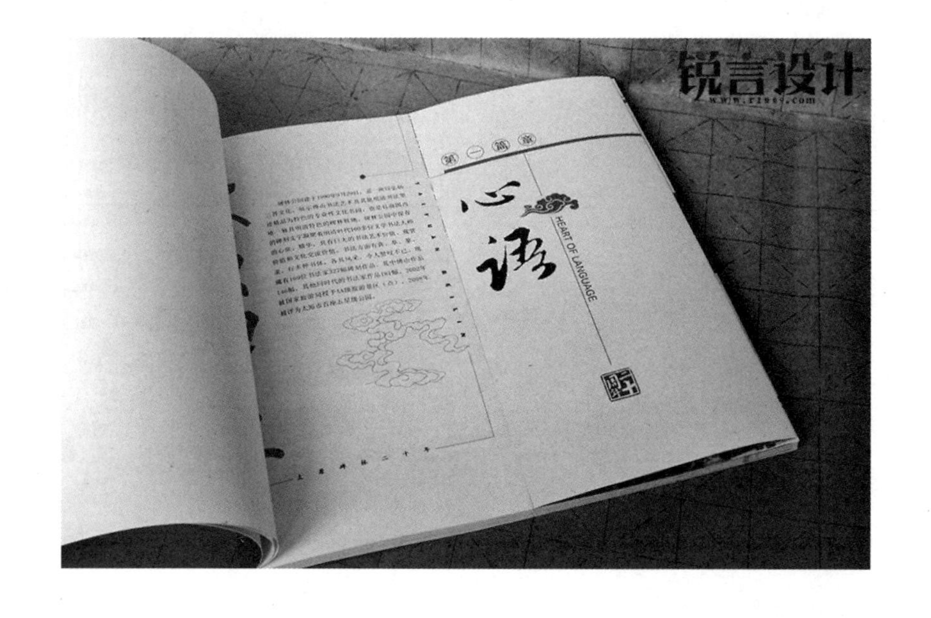

图 3-12
纸张在书籍设计中的效果
（百度图片）

成材料，还是书籍精神与美感的载体，是书籍的一项审美要素。在读者阅读的过程中，纸张的气质成为阅读内容的一部分，赋予了书籍的形态美，这是电子读物所无法具备的。[1]

在现代书籍设计中，随着读者需求的多元化发展，以及造纸技术的进步，纸张的品种非常多，各类艺术纸经常被用到书籍设计中。艺术纸是在造纸过程中经特殊处理或后期加工的特色纸品，一般呈现丰富的纹理或色彩等特殊效果。艺术纸风格多样，更新较快，因而制作成本较普通纸张要高。但由于艺术纸在装帧过程中能够获得良好的效果，顺应了当下市场的多元化需求，因而在现代设计应用中具有巨大的发展潜力。艺术纸介入书籍设计领域使图书的个性化和辨识度得到大大地提升，打造个性化阅读亦成为设计时尚的潮流。从艺术纸原料的各种特性来探寻这一新型材料的形式语言以及在书装设计中的创意运用，具有重大的现实意义。[2]

3.2.3　印刷技术的发展与书籍装帧设计的关系

书籍的设计必须借助印刷技术才能得到实现，不同的纸张与不同的印刷工艺相结合才能造出不同形态的书籍。印刷可以以最朴素的方式将信息承载到纸张上，也可以通过压凹凸、UV 上光、烫印、切割等工艺将纸张原有的特质以不同的方式得到增强与再造。纸张具有不同的印刷适性，简单地说是纸张、油墨、版材、印刷过程和用于印刷生产的车间条件适合于印刷的性能。纸张会因为温度及冷、热、干、湿而产生收缩率与膨胀率的变化，导致纸张形态与质地发生改变，从而影响印刷效果。纸张遇到印刷就像经历一场必然的“洗礼”，能得到新的生命和意义，通过印刷，纸张发生了蜕变，以新生命的面貌融入书籍装帧中。纸张印刷对纸张既有帮助也有限制，我们需要针对不同的纸张选择适合的印刷方式。

3.2.4　设计案例：广东四会手工纸的书籍设计特点

研究四会手工纸的书籍装帧效果主要是研究纸张材料的特点在书籍中的应用表现，把纸张的纹理、色彩、文化意境与书籍内容相结合，探索不同类型的书籍在材料、开本、板式、形态中的要注意的问题，

[1]　周玉基 . 纸本书籍设计中的纸张美感探究 [J]. 艺术评论，2007，12.

[2]　刘音 . 艺纸成书——艺术纸与创意书装设计 [J]. 艺术与设计（理论），2012，6.

并系统研究手工纸在现代书籍设计中的新方法。纸张的类型直接决定了书籍的性格特征，纸张的选择需要根据书籍的主题，考虑读者因此而获得的视觉感受，同样还有触觉、嗅觉上的体验。是轻薄的还是厚重的，是光滑的还是粗糙的，是洁白的还是泛黄的，这些都是由纸张的材料决定的。[1] 因而在书籍装帧选材时，纸张的肌理感、反射率、显色性、稳定性、耐用性、翻阅的方便性以及适用的制版印刷工艺等都是重要的考量因素。研究广东四会手工纸应用于书籍装帧的主要目的，是寻求现代机制纸与手工纸相配合的理想效果，要在书籍中突出广东四会手工纸的悠久历史与丰富内涵，使手工纸对现代书籍的美学形态产生积极的影响。[2]

1. 四会手工纸在常规书籍设计中的应用

广东四会手工纸具有古朴性和传统性，整体色彩自然凝练，视觉效果沉稳，具有深厚的文化内涵，适合用于较为传统、庄重的文化类书籍应用。广东四会手工纸没有铜版纸的张性明显，相比之下具有收缩沉淀性。当用于书籍设计时，纸上的图文也随着纸张一起具有稳重沉着的视觉效果，因此在广东四会手工纸上进行书籍装帧设计时，图文应比较大，所用文字的字体也应使用较为庄重的黑体或宋体为宜，字距和行距都应该足够大，在文字版面的四周适当留有空白，使读者阅读时感到美观舒适。此外，图文的印刷色彩要和纸张的黄色融合，插图的位置和正文、版面的关系要得当。另外，在系列书籍的设计时也要注意手工纸颜色的整体延续性（图 3-13）。

完美的书籍形态具有引导读者视觉、触觉、嗅觉、听觉、味觉的功能。书籍的封面、色彩、文字等能为读者带来更好的阅读感受，而纸张的形态能够增加书籍的感官美。应用广东四会手工纸制作而成的书籍，就是一个将纸张美感转化为书籍美感的过程。四会手工纸在书籍中的美感体现在纸张的视觉肌理、纸张的色彩、纸张的透明度、纸张的光感等多方面，赋予书籍外观上对读者的吸引力。同时，手工纸所带来的书籍重量、厚度、软硬度、柔韧度等感官信息，和手工纸所散发的自然纸香慢慢在读者的周围弥漫，让书籍能以一种传统而自然的多重感觉展示自身的魅力。

然而，由于四会手工纸具有一般手工纸质地疏松、韧性欠缺的特

[1] 王诗琪 . 手制再生纸介质的材料语言与应用研究[D]. 山西大学，2016，6.
[2] 吕敬人 . 纸的表现张力[J]. 出版广角，1996，2.

点，并不适合单独用于装帧书籍，其对于书籍的装帧开发还需要与其他性能更为理想的机制纸张配合使用。但也正因为现代机制纸与手工纸的配合使用，让书籍避免形式的单一，而呈现出层次多样的审美效果（图 3-14）。

通过制作书籍，手工纸实现了从自身的原始美转换为书籍的精神意境美，能更好地被读者感知和接受。我们可以充分利用手工纸的视觉、手感、分量、气味等特征，表现书籍内容的信息内涵，使读者在阅读过程中自然而然地将书籍与意境聚合成一种可感知的意象，实现手工纸从表面形态到内在韵味的完整展示过程。[1]

2. 四会传统手工纸在创意书籍设计中的应用

与常规的铜版、哑粉、双胶纸相比，广东四会手工纸的纸张强度和韧性、挺度、呈色的鲜艳度等都具有鲜明的特色，我们在书籍创意设计中既可保留传统的天然纤维，还可增加选用大量人造化工、金属、矿物等附加材料，使书籍的形态有更大的表现空间，使其整体更有立体感，在色泽自然感、对比度和饱和度方面均有升华。[2] 具有更优性能的手工纸可大大提升高品质书籍的品位，塑造书籍多元个性化的视觉效果。

为了更好地展示四会手工纸的纹理，我们在其中一个创意书籍中，采用透明树脂把纸张封塑起来，使纸张的纤维肌理清晰化，克服了纸质物理性能不足的问题，变成了一种工艺品书籍。四会手工纸张经过树脂的封塑后即由二维平面变成三维六面体，纸张粗糙的质感得到最大限度地体现。打开这个硬质书页，传统技艺的历史感渐渐传递到读者的心里，读者可以通过手触眼观，充分感受到书籍的独特感官美。另外，我们还可把纸张单页拆出来插到定制的灯光槽中，让随机的纸张纤维随着光影充满整个空间，使粗糙的纸张肌理衬托出清晰的页面内容，使页面黑色的图案产生强有力的视觉对比（图 3-15）。

不同的纸张材料具有不同的个性，这种个性会延续到所做的书籍中，使书籍也呈现出截然不同的视触感受，最终使读者的情感发生变化。[3] 这就是纸张材料在书籍设计中的表现力。为了克服四会手工纸的疏松缺点，保护纸张，在下面的案例中我们用塑料将其密封起来，经过塑料的漫反射痕迹，纸张这种无生命的物质所显现出的生命力便

[1]　王鹏 . 纸媒介的感受传达 [D]. 中央美术学院，2014，5.
[2]　刘音 . 艺纸成书——艺术纸与创意书装设计 [J]. 艺术与设计（理论），2012，6.
[3]　吕敬人 . 纸的表现张力 [J]. 出版广角，1996，2.

图 3-13
广东四会手工纸在常规书籍装帧设计中的应用（右上）
图 3-14
广东四会手工纸与机制纸的配合使用（左）
图 3-15
四会手工纸在树脂塑形书籍中表现的效果（右下）

扑面而来。之后还用最古老的麻绳和木框将书页链接固定，不用更多的语言文字都能传达出书籍的纯朴气息。书中的图片也用灰黑色调来表现，使全书从外到里，从前到后都强化了材质的天然与雅致，以其肌理、色彩、质地的不同传达给读者一种粗犷的情感体会，达到一般书籍造型所不能达到的意念传递效果（图 3-16）。

另外，我们还模仿卷轴的方式用手工纸来制作长幅面的卷装书籍，并把原生态的竹筒作为收纳卷轴的空间，这种卷轴形式的书籍在传统文化的表达与现代应用方面得到了恰当的结合，并且也体现了一种新的书籍设计方向（图 3-17）。

现代人对精美印刷的书籍审美疲劳，对各种制作工艺也司空见惯。于是本能地就会找寻新的书籍形态，以求怀旧的温情、探寻的惊喜、把玩的多义[1]。将手工纸应用于装帧设计，是现代书籍寻求差异化的探索过程。手工纸在书籍中的应用中不能只是空中楼阁，必须可操作可应用，有内容有美感，使书籍成为独特的艺术个体。要达到这个效果，我们须遵循书籍装帧的基本原则，忠于书籍内容的原有特征，真实地反映书籍作者的意图，还要考虑读者的年龄性别、审美习惯、风俗习惯和书籍的印刷技术等，使读者的阅读过程有更好的文化体验。

[1] 赵健．交流东西书籍设计[M]．广州：岭南美术出版社，2008.

图 3-16
四会手工纸在传统材料书籍中的应用效果（左）
图 3-17
四会手工纸在卷轴书籍装帧设计中的应用（右）

3.3　中国传统手工纸在灯饰设计中的应用

早前世界各国的工业产品凭借自身的优势占据了中国市场较大的份额，那时我们国人对国外工业产品的追捧十分狂热，导致对外国的文化更为熟悉，对自身传统文化却不断疏远与淡化。但随着经济全球化的深入，我国正在迎头赶上，不断深化供给侧改革，加快企业的产品转型和升级，在产品的功能与美感上都进行了改进。在我国之前工业化批量生产的灯饰中，有相当一部分受到材料、光源、造型等因素的影响，显得守旧、生硬、冰冷。因此我们尝试把传统手工纸应用到现代灯饰设计中。传统的手工纸每一张都是独一无二的，并蕴涵着中华民族五千年的文明，把传统手工纸应用于灯饰开发，定能增加灯饰产品的审美特色与文化意蕴（图 3-18），同时，也能为传统手工纸开创一条有效的应用与传承途径。[1]

随着灯饰制作工艺的进步，手工纸灯饰设计领域的社会需求越来越大。但因缺少专门针对传统手工纸灯饰进行设计的一套完善的系统，手工纸的许多优良性能未被充分开发，以至于传统手工纸灯饰在国内市场一直未被有效开拓，目前尚有巨大的发展空间。我们将以现代设计的理论与方法挖掘手工纸更多的展现形式，并将它与现代灯饰设计进行结合，设计多款别具特色的手工纸灯，为整个灯饰行业注入新的元素，满足市场的需要。

3.3.1　我国纸灯的发展历史

纸灯起源于宋代，在此后相当长的一段时间内，纸灯多是生活的实用物品。陆游诗曰："灯笼一样薄蜡纸，莹如云母含清光。"从中可知当时的纸灯用浸过蜡的薄手工纸制成。随着社会的发展，纸灯除照

[1]　吴娇娇．浅谈传统手工纸在现代灯饰设计中的应用探索 [J]. 艺术与设计（理论），2010，12.

图 3-18
手工纸在灯饰设计中的应用效果（百度图片）

明外还扮演着多种角色，如节日装扮、空间摆饰、娱乐活动等，既是日常照明的必备之物，又是可供赏玩的艺术品。赏花灯的情结一直保存在国人的心中，我国自古就有节日赏灯的习俗，一直延续至今。在元宵佳节，灯笼是件必不可少的物品，人们除了用它来增加节日氛围外，还用它供小朋友们玩耍。[1] 如今已经不需要纸灯来照明，但它依然有应用价值，至今竹架纸面的灯还被当作一种颇带怀旧气息的艺术品出现在日常生活中，常被用于烘托节日气氛以及装扮特定需求的空间。纸灯与环境的融合会给人的感观带来安静和自然，能使人们感受到手工纸的文化气息和绵绵情意。[2]

3.3.2 我国灯饰应用的种类

按照明种类的不同，一般分为普通照明、局部照明和综合照明。普通照明是最基本的照明方式，是为了实际生活的需要，在一定范围内保证光源照度清晰，达到一定的使用目的。[3] 我国的照明事业在近年得到快速发展，基本形成了国有与私营企业并存，中资与外资互补的行业发展局面，灯饰行业的市场空间在不断扩大。在目前的家装领域中，灯饰按形制可以分为吸顶灯、吊灯、筒灯（明装或暗装式）、壁灯、灯带、地灯、落地灯等。在风格上，主要有中式与欧式、古典与简约等。其中欧式风格的灯饰能使家居充满异域风情。简约风格的灯饰则一般线条明快，多采用黑、白、灰等色彩，在光照效果上会使整个空间充满个性。另外还有中式、日式的灯饰，它们多以木色及柔光膜营造温和宁静的气氛。灯饰的运用与点缀，能塑造出空间的文化性格与情感气息，当前在家居轻装修的环保概念下，灯饰艺术化是实现审美需求与实用需求的有效途径。[4]

[1] 朱斐然 . 纸浆造型艺术在生活中的运用研究 [D]. 华南理工大学，2015，6.
[2] 田琪 ."文质彬彬"的传统手工纸 [J]. 美术大观，2013，5.
[3] 罗静芝 . 灯饰设计中光影的设计关怀研究 [D]. 湖南工业大学，2012，6.
[4] 周凡，朱燕莉 . 浅谈居住空间灯饰设计 [J]. 建筑工程技术与设计，2016，10.

传统手工纸可应用于开发多种风格的灯饰，尤其是具有传统文化内涵的灯饰。当下，国内的手工纸灯饰生产有一定的基础，市场已涌现出一批初具规模的生产厂商，他们的软硬件设施在国内同行业中具有一定的影响力。但由于手工纸灯饰的加工工序复杂，制作条件艰辛，从事手工纸制作的人越来越少，另外也并无专业人士对手工纸材料在灯饰上应用的系统设计方法进行研究，使手工纸灯饰的产量受到限制，以至于产品价值没有被有效体现。目前我国手工纸灯饰在国内的市场份额较少，大多以外销为主。如何提高手工纸灯饰的设计水平，在国内市场提升手工纸灯饰产品的价值，是灯饰设计师们最值得关注的问题。[1]

3.3.3　手工纸与机械纸在灯饰中的异同

目前市场上的纸灯饰大类上可分为机械加工纸灯饰与传统手工纸灯饰。两种纸张对灯饰制作的各项性能对比如表 3-1 所示。

机械加工纸与传统手工纸性能对照表　　表 3-1

	装饰性	可塑性	透光性	坚韧度	清洁便利	运输便利
机械加工纸	一般	强	好	高	便利	便利
手工纸	好	弱	差	低	不便利	不便利

如表 3-1 所示，机械加工纸（如牛皮纸等）可塑性较强，易于造型，透光性好，能实现较高的照明度，因而能应用于主要照明或辅助照明。但机械加工纸的色泽与纹理较为单调，装饰性能主要靠造型来实现，材质自身的装饰性较弱。

传统手工纸基于自身的物理性质，造型可塑性比机械加工纸弱，透光性不足，照度较低，因而市场上的手工纸灯饰，一般以辅助照明的方式点缀空间。另外手工纸还易燃易破损，不利于运输。但传统手工纸独特的色泽、纹样与意蕴具有不可替代的文化意义，其在灯饰中的应用能带来别具一格的装饰效果。

当下我国已经进入体验经济的时代，企业产品需要满足使用性能与审美性能，而审美性能除了诉诸产品的外观，还依赖于产品所带来的情感审美。因而，灯饰产品不仅需满足照明性能，实现外观的美感，

[1]　吴娇娇．浅谈传统手工纸在现代灯饰设计中的应用探索 [J]. 艺术与设计（理论），2010，12.

还需要实现人们与产品的情感互动。手工纸灯饰的制作原料都是天然材料，是一种环保、天然和人性化的产品。手工纸种类很多，皱纹纸、花瓣纸等一些有特点的纸张在纸灯上的应用会有更多细腻与温柔的感觉，具有草木制品独有的天然气息，满足了人们心理上的潜在需求。在工业化大生产的今天，中国传统文化正受到全球的追捧，中国的传统手工纸灯饰也日渐得到人们的喜爱，它给人带来的感觉是原汁原味的，是一种纯朴、传统、神秘的历史文化。因此，传统手工纸灯饰相对于机械纸制作的灯饰而言更加个性化，更具有深入研究的前景，也具有更大的市场潜力。

3.3.4 手工纸灯饰的设计方向与原则

现代工业发展与人们文化素养的提高，促进家居产品不断优化功能、改善外观，并逐渐延伸至产品的意蕴与消费者的情感互动领域。同时，因为高素质的消费群体更加注重环保理念，绿色低碳的家居装饰产品日渐成为消费者的首选。作为家饰产品的一部分，富于人文内涵与低碳理念的灯饰产品越来越受到青睐。所以现代的灯饰设计需要打破陈规，重新考量现有的制作方式、材料、光照表达等情况，对现有的灯型进行再设计，使产品更成熟，更符合人文需求。目前人们的环保意识普遍较强，低碳生活是一种主流的社会价值观，因此具有环保功能与生态理念的灯饰将得到极大发展。[1]

现代的空间照明方式，已从往日单纯的单光源照明过渡到现代的多光源情感化照明模式（图 3-19）。多光源一般由主光源与辅光源结合组成，以主光源保证照度，辅光源补充氛围。[2] 手工纸灯饰主要隶属辅光源类别，它的应用普及顺应了现代照明的发展趋势。辅光源注重光影、造型和色彩的艺术表现，手工纸灯饰可从上述方向入手，丰富形式，并以此扩大应用的范围。现代消费者越来越重视灯饰的形式美、意蕴美，还有灯饰与空间的融合美。手工纸灯饰顺应了现代消费者的审美要求，用新鲜的形式传递着历史文化与手工情感。[3]

灯饰设计需遵循人性化的原则，按照使用的环境去安排。如卧室中的灯饰，光源尽量柔和，使人们安静，便于入睡。儿童房的灯饰，造型与色彩可尽量丰富，营造缤纷的氛围，符合儿童活泼的个性，刺

[1] 周凡，朱燕莉 . 浅谈居住空间灯饰设计 [J]. 建筑工程技术与设计，2016，10.

[2] 何蕊，徐钊，郭晶 . 现代灯饰设计创意方法研究 [J] 家具与室内装饰，2016，9.

[3] 吴娇娇 . 浅谈传统手工纸在现代灯饰设计中的应用探索 [J]. 艺术与设计（理论）2010，12.

图 3-19
卧室的辅光源照明效果（百度图片）

激儿童对形状与色彩的感知。[1] 一些功能性较强的空间灯饰，如厨卫灯饰，则应强调照度与便于清洁。同时，灯饰设计还需重视低碳理念，精简部件的数量，考虑制作的简便性，拆装容易、方便保养维护、便于清理灰尘、便于运输、便于更换零件。因而，手工纸灯饰的设计需遵循灯饰设计的基本原则，从人们的行为习惯出发，给人们的生活带来更多的人文关怀与心灵触动。[2]

3.3.5　手工纸灯饰形态的创意设计方法

手工纸灯饰是一种创新的灯饰类别，其顺应灯饰市场的发展趋势。做纸灯需要好纸并且要求透光性强和耐热好，我国的宣纸、东巴纸，朝鲜的高丽纸以及日本的和纸都比较适宜做灯纸。手工纸在灯饰设计中的应用向人们传达了文质彬彬的亲切感，能在这冰冷的科技无限发达的机器制造和电子制造时代使我们的心情有丝丝温暖和平静，依然有一定生存的空间。[3] 手工纸灯饰的设计思路围绕着以人为本、开发创意以及联接消费者与产品内涵的情感桥梁，因而，手工纸灯饰开发对其他灯饰的研发具有很好的启发意义。

灯饰是营造居室氛围的重要部件，不同的灯饰形态，彰显着不同的文化个性。手工纸灯饰形态的创意方法大致有以下几种：

第一，仿生形态。自然界里的天然生物色彩缤纷、形态各异、趣味无限。德国设计大师路易吉·科拉尼曾说过，大自然赋予了人类最强有力的设计信息。因而，手工纸灯饰可充分利用材料的天然质感，以仿生形式赋予产品生命力与趣味性，彰显产品的自然之美。[4]

[1]　王传智 . 灯饰设计在家装设计中的运用 [D]. 哈尔滨理工大学，2017，5.
[2]　吴娇娇 . 浅谈传统手工纸在现代灯饰设计中的应用探索 [J]. 艺术与设计（理论），2010，12.
[3]　田琪 .“文质彬彬”的传统手工纸 [J]. 美术大观，2013，5.
[4]　何蕊，徐钊，郭晶 . 现代灯饰设计创意方法研究 [J]. 家具与室内装饰，2016，9.

第二，几何形态。几何形态是自然万物的原形，自然界的物象都可还原简化为球形、圆锥形与圆柱形。简练的几何造型表达，以万物的基本结构去创作灯饰的形态，能让手工纸灯饰更直接明快地直达消费者的内心感受，让结构美感深入人心。

第三，趣味形态。趣味形态着重文化意味的表达，以寓意带动灯饰产品的趣味性。以趣味形态创作手工纸灯饰，能直接提升灯饰产品的隐形价值，作用于消费者的情感，并以感性的手法召唤消费。[1]

3.3.6 手工纸灯饰设计的案例一：台灯

台灯顾名思义是在台上使用的灯具，它由一系列支撑光源的部件组成。台灯在家居中一般应用于茶几、床头、写字桌的照明与装饰，有的可以灵活移动，有的是和书架等其他家具结合使用，能够为室内空间塑造温馨的氛围。[2] 人们生活水平的提高，对灯饰设计的进一步发展提出了更高的要求，灯饰在环境中的作用不仅是照明功能的实现，还体现了人们在精神领域的追求。灯饰的材料往往决定着灯饰的艺术风格。常用的灯饰选材有塑料块件、塑料薄膜、金属、玻璃、贝壳、树脂等，若在常用材料之外，介入较为少见的新材料，将能为灯饰设计带来更多的创意。[3] 制作台灯可选用全新的材料，也可以是旧材料的新用法。如果将传统手工纸进行开发再利用，将它与现代新材料进行结合制成台灯，同时在功能、造型等方便进行创新，让传统手工纸台灯以全新的形式展现在消费者面前，将传统手工纸与新材料、新技术结合，以现代的设计眼光，重新审视传统材质，弱化手工纸灯饰原本存在的缺陷，将能让台灯产品收获更广阔的消费空间，提高企业的效益。

灯饰设计，需要结合应用的环境、灯饰的类别去推敲部件的位置，实现各个部件恰当布置。[4] 本案例通过材料的组合来设计具有创新形态的手工纸台灯设计，深入研究每个部件的安装细节，满足照明功能与情感享受的需要。在设计过程中，我们打破常规的材料，用广西百色市乐业县把吉村的手工纸进行灯饰设计，实现新旧材质的碰撞，收获奇妙的创意效果。

把吉村手工纸在台灯设计的应用，主要是把纸张用到灯罩上，运用光学原理，结合灯罩的造型做出各种形态。如图 3-20a 所示的设计

[1] 刘金泉．浅谈情感化的家居灯饰设计 [J]. 文艺生活·文海艺苑，2013，10.

[2] 王传智．灯饰设计在家装设计中的运用 [D]. 哈尔滨理工大学，2017，5.

[3] 何蕊，徐钊，郭晶．现代灯饰设计创意方法研究 [J]. 家具与室内装饰，2016，9.

[4] 甘桥成，徐人平．现代家居灯饰设计的比例与尺度 [J]. 照明工程学报，2010，8

案例中，我们把天然的木材作为底座，做出简洁的造型。因为手工纸的黄色与木材的颜色相一致，使得灯饰的整体效果非常融合，虽然造型简单，但其古香古色的外形和手工纸上的书法字体一起传递出深厚的文化内涵和温馨气息。

把吉村手工纸材料质朴而粗犷，为灯饰设计注入了生态美感，提升了台灯产品的意蕴。如图 3-20b 所示，除了木材外，我们还可以用金属的支架、底座结合印上了图案的手工纸进行设计。因为金属的表面光滑，充满现代气息，而金属支架所组成的传统图案又给整个灯饰带来强烈的民族风，与手工纸的文化气息密切相关，做成了这个既有文化气息，又有时尚感的台灯作品。

最后我们还做了一个全部由纸元素组成的灯饰。这个灯饰的整体就是一个用硬纸围成的简单圆柱形，然后在外面拦腰围上一圈饰有镂空花纹的手工纸。用硬纸作台灯的支撑是为了克服手工纸物理性能不足的缺点，在外面围上手工纸则是利用了它纹理丰富，颜色悦目的特点。这种机制纸与手工纸混合的方法具有非常奇妙的效果，当该台灯亮起时，整个房间都会洋溢在自然而浪漫的光影气氛中（图 3-20c）。

手工纸台灯的设计必须遵循灯饰开发的基本原则，充分考虑台灯在各个场所中的功能与角色，使手工纸台灯既体现照明的实用性，又发挥灯饰艺术的美学效应，同时还兼备节能、安全、便利等功能，使得空间环境融洽，人文气息浓厚。

（a）

（b）

（c）

图 3-20
广西百色市乐业县把吉村的手工纸台灯设计效果

3.3.7 手工纸灯饰设计的案例二：壁灯

壁灯是安装在墙壁、建筑支柱及其他立面上的灯饰，一般作为空间的辅助照明，配合空间的主光源营造室内的舒适光照与艺术氛围，也有个别作为主光源应用于室外庭院。[1] 时代的发展促使壁灯产品摆脱单一的照明功能进而延伸至美化家居，塑造氛围，召唤人们情感的功能。[2] 当下，市场上的壁灯丰富多样，为消费者们提供了丰富的选择，也在某种程度上促进了家居灯饰文化的发展。

壁灯能为空间营造各种氛围，使空间因为壁灯而有了更多的生气和不同的意义。氛围感是对空间环境的定位，是空间风格与气氛的统一。利用光和影的相互转化形成人们想要的理想空间氛围，这是壁灯设计中的一大亮点。通过光影的强弱、色度、色彩等调节，与环境达成一致的气氛，或温暖或低沉，或活泼或神秘，实现壁灯亦真亦幻的光影效果是高于功能照明意义上的精神追求。[3]

在用广西百色市乐业县把吉村手工纸在壁灯的设计应用中，我们主要是利用手工纸的肌理特点，将其当作一种图案的纹理使用，制作出各种富有意境的山水画（图 3-21）。因为手工纸的机械性能不是很好，用其单独作为灯罩比较困难，因此只把其当作一种装饰的纹理，贴在布质灯罩上。灯罩的边框也是用天然的竹子围成，与手工纸及布的材料气质相衬。灯罩上的各种图案可以由设计师随心所欲地摆成，可以是抽象的也可以是具象的，可以是山水也可以是静物。

当灯光亮起来时，手工纸的纹理便清晰地透现出来，灯罩上的各种富有韵味与意境的图案在光影中显得美妙而神秘。这种手工纸壁灯的设计制作需要具备较好造型能力，并且在图形风格上要能与家居的总体形象相融合，才能显现出传统与潮流共存的巧妙。这种巧妙的壁灯设计能创造出独具一格的艺术空间效果，让壁灯与室内空间的元素相互搭配和点缀，打破空间的庄重感，使其氛围更温馨和谐。[4]

[1] 王传智 . 灯饰设计在家装设计中的运用 [D]. 哈尔滨理工大学，2017，5.
[2] 徐斯程，何玲玲 . 浅析欧式古典风格在现代灯饰设计的运用 [J]. 科教导刊 - 电子版（中旬），2015，6.
[3] 罗静芝 . 灯饰设计中光影的设计关怀研究 [D]. 湖南工业大学，2012，6.
[4] 周凡，朱燕莉 . 浅谈居住空间灯饰设计 [J]. 建筑工程技术与设计，2016，10

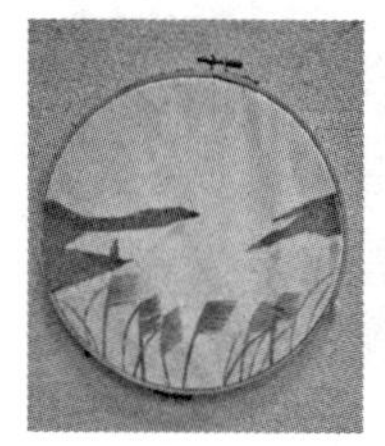

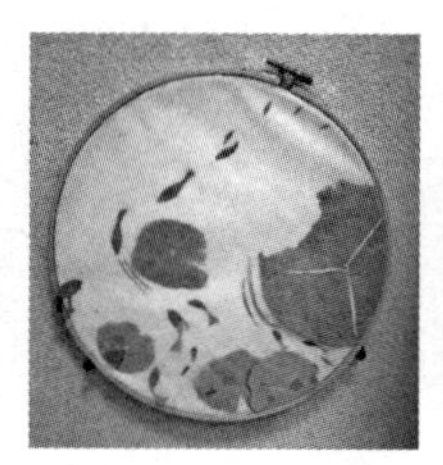

图 3-21
广西百色市乐业县把吉村的手工纸壁灯设计效果

[1] 罗静芝．灯饰设计中光影的设计关怀研究 [D]. 湖南工业大学，2012，6.
[2] 王传智．灯饰设计在家装设计中的运用 [D]. 哈尔滨理工大学，2017，5.

3.3.8　手工纸灯饰设计的案例三：吊灯

吊灯是由机械连接结构将光源固定于顶棚上的一种悬挂式照明灯饰，是光学技术与人文关怀的结合体。在无法安装其他灯饰的地方，如楼梯间和不规则的空间就要用吊灯来进行功能性的照明。由于吊灯能让地面、墙面都得到均匀的照度，因而是居室常用的照明方式。吊灯的照度与吊高的距离带动着人们对光影的感知，使人们感觉舒适、安宁。[1] 吊灯按灯罩照射方向，可分为两种形式。一种是灯口朝下，光源集中照射空间，获得亮度较高的光线。另一种灯口朝上，光线发散，获得柔和温馨的氛围光。[2] 吊灯的灯罩材质一般分为乳白玻璃与 PS 板两种，形状有长方形、正方形、圆形、球形等。与吊灯相近的灯饰是吸顶灯，吸顶灯直接安装在天花板，省去了吊灯的吊绳，一般作为主要照明，应用于较小的空间。

本课题根据材料及主题的不同用广西百色市乐业县把吉村的手工纸设计了 5 种吊灯，分别展示出不同的光影形态与不同的设计风格（图 3-22）。

在这 5 个吊灯设计案例里面，都注重光的发射、散射过程中所呈现的形状，通过捕捉光的形态与塑造光的颜色，使特定的空间产生奇幻的艺术效果。如图 3-22 所示，在案例 a 中，我们将灯整体设计成正方体，在灯面上装饰把吉村的手工纸，中间留出大面积的圆形，让白色光线得以散发，并与黄色光线相映成趣。在案例 b 中，我们在传统文化的表现方面作了大胆的尝试，把灯罩设计成古代服饰的造型，并结合手工纸的造型加上书法字体，当光线亮起时恍如时光穿梭回到远古。这种吊灯适合放到有相关主题的空间使用。在案例 c 中，我们将灯罩设计成宝塔和宝盒的造型，并把手工纸通过上蜡工艺增加了强

(a)

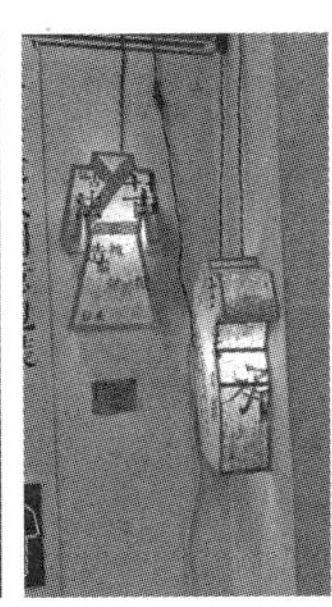
(b)

(c)

(d)

(e)

图 3-22
广西百色市乐业县把吉村的手工纸吊灯设计效果

度与通明度，使光色得到了优化。本案例是多光源的设计，各个光源交错搭配，照明效果层次丰富。在案例 d 中，我们用多个小屏风的效果来做成“千屏灯”，这种灯各个屏不固定，可以根据空间的需要进行变化。在使用中如果有外力如微风吹来时各个屏会发生飘摆，产生千变万化的效果。在案例 e 中，我们的重点是用综合艺术的表现方法，通过拼贴的方法把绘有各种颜色手工纸贴在蛋型坯体上，设计出一个“巨蛋”型的灯罩，形成五彩斑斓的艺术效果。该灯即使在不亮灯时也是一件非常奇特的艺术品。

光色对于吊灯是极好的设计语言，是吊灯设计的重要部分，也是灯饰创意的基本表现手法。[1] 我们可以利用光影的色彩、色温、亮度、照度等来调节人们的情绪。例如冷光色的色温在 5000K 以上时，其亮度较高，因光的刺激作用能焕发人们的精神。而暖光色的色温在 2700 ~ 3500K 之间，能够营造温和的氛围感，安抚人们的情绪，但大面积地使用暖色光影又会造成情绪排斥。[2] 本案例的吊灯均采用暖式光源，通过半透光型的灯罩让暖色的光线散射出来，形成斑驳浪漫的光影，十分柔和，渲染着温馨、令人身心放松的空间氛围。

3.3.9 手工纸灯饰设计的案例四：灯串

灯饰设计是一种全方位、多角度的设计艺术，除了台灯、壁灯、吊灯等，还有灯串也在灯饰设计中占有重要的位置。灯串就像一根带子一样可牵挂、可缠绕，其上的每个灯泡如瓜结藤蔓一般零散点缀其间，具有单个灯泡的别致又强调了线性流动的变化。灯串通电后，其光色空间有实有虚，虚实交替，在视觉构图中呈现出更多美丽而浪漫的意境，通过错落有致的形态，达到一种和谐的境界。[3] 灯串是在家居或公共空间装饰中的重要部分，兼备照明功能与审美功能。光的介入与调控，使灯串产品创造出可变的空间情趣，有别于其他装饰产品的静止性，充满丰富性和灵动性。

灯泡是灯串的主要配件，灯泡的选择决定着灯串的外形与光色。当下，市场上常用的灯泡品种繁多，有白炽灯泡、卤素灯泡、节能灯泡、荧光灯管等多种类型。其中，白炽灯泡发光面积小，可瞬时亮灯和灭灯，光线容易得到控制，光色呈现为橙红色，适合营造空间氛

[1] 何蕊，徐钊，郭晶．现代灯饰设计创意方法研究 [J]. 家具与室内装饰，2016，9.
[2] 罗静芝．灯饰设计中光影的设计关怀研究 [D]. 湖南工业大学，2012，6.
[3] 周凡，朱燕莉．浅谈居住空间灯饰设计 [J]. 建筑工程技术与设计 .2016，10.

围。[1] 本案例选择白炽灯泡作为光源，将古典与现代元素相结合，通过用广西百色市乐业县把吉村的手工纸制作出多个礼包状大小不一的精致小灯罩，零散分布在随意弯曲电线上（图 3-23）。由于把吉村手工纸本身的微黄色非常温暖明亮，加上其上面绘画出的不规则颜色和纹理，亮灯后显得浪漫又清新，有效把握住空间光影节奏，给人视觉上一种不受约束的舒适感，把时尚灯饰美感表现得淋漓尽致。

如图 3-23 所示的案例，灯串设计认真思考了各个维度的比例关系、小灯泡在整体灯形中的比例关系及整个灯体横向及纵向与使用的场合及环境的关系。为了保证产品符合使用要求，并达到良好的视觉效果和心理感受，我们使灯串整体与环境之间形成了合理的尺度，各部分的比例协调统一，呈现出完美的产品形象。

3.3.10　手工纸灯饰在设计中的安全问题

经过台灯、吊灯、壁灯、灯串等多个案例的设计实践，我们清楚了手工纸在灯饰设计中的方法与要点，对手工纸材料的机械性能与审美特点有了清晰的认知，并设计出了实际的灯饰产品供市场开发使用。在这个过程中，我们发现在手工纸灯饰设计方面还有关键的一点，就是手工纸灯饰设计过程中要考虑的安全问题，主要有以下三点。

首先，在选择材料方面要选用耐热耐燃的材料。灯饰设计时需根据使用需求进行选材。若灯罩离光源较为接近，长时间开启光源时，灯罩容易被高温点燃。因而灯罩的选材，需选择耐热耐燃的材料。纸质、竹藤、布艺等材质并不适用于大光源散热，在应用上述材质时，需对材料进行防火处理，并在灯罩上预留散热孔，以防止材质在高温的作用下发生变形甚至燃烧。

其次，在用电安全方面要有防触电装置。灯饰需要用电，使用电源会有一定的风险。我们在设计电源必须严格执行安全用电标准，降低危险系数。通常男性身体的允许电流是 9mA，女性是 6mA，我国采用的标准安全电压对干燥而无粉尘的地面环境是 65V，对潮湿而有粉尘的环境是 36V，对特别潮湿或有蒸汽、游离物的危险环境是 12V。我们在灯饰的电压控制上须保持在上述数值的范围内。同时，

[1]　徐斯程，何玲玲 . 浅析欧式古典风格在现代灯饰设计的运用 [J]. 科教导刊 - 电子版（中旬），2015，6.

为避免短路及发生漏电，电源电路还需接通地线及安装漏电开关。[1]

最后，在使用过程中要避免不合理的照明对眼睛造成的危害。灯饰对人类眼睛的伤害主要来源于眩光，凡是降低人眼视力的眩光称为失能眩光。为营造艺术氛围，艺术展馆等特定场所会把光照调节在微亮的状态，这样的微亮光影容易产生眩光，使人们产生疲劳及可视压力。因而，在布置弱光空间时，需要在光线由弱转强的连接区设置过渡区，使人们的视力对亮度递增能够逐渐适应，减少视觉压力。[2]

[1] 王传智．灯饰设计在家装设计中的运用 [D]. 哈尔滨理工大学，2017，5.
[2] 罗静芝．灯饰设计中光影的设计关怀研究 [D]. 湖南工业大学，2012，6.

3.4 中国传统手工纸在工艺品设计中的应用

中国传统手工纸用途广泛，其中在工艺品设计制作方面有着巨大的发挥空间。纸工艺品是艺术家用纸创作的艺术品，手工纸工艺品和纸的造型设计相关，它通常采用折叠、裁剪、粘贴、绘画等方式在纸张上进行装饰与构造，构成一种平面或立体的形态，从而创造出一个新的艺术造型。纸造型设计领域非常大，有十几个行业都需要用到，如家居装饰设计、包装广告设计、工业产品设计、工艺纪念品等，其应用领域正在不断扩大。纸的过程是材料加工、视觉效果、造型功能、价值观念等多种因素的综合体现。纸的造型大致上分为纸塑、折纸、剪纸、剪影、织纸、撕纸画，贴纸画、纸雕等（图 3-24），名目繁多。如果要从事这一领域的创作，必须准备好基本工具与材料，并且要熟

图 3-23
广西百色市乐业县把吉村的手工纸灯串设计效果（左）
图 3-24
纸艺在生活中的应用（堆糖网）（右）

悉其使用方法方能取得理想的效果。纸造型艺术的工具有剪刀、铁笔、圆头玻璃棒、镊子、圆规、直尺、垫板、铅笔、橡皮擦、红蓝黑墨水、广告颜料、线头、钉书钉、回形针、大头针等。材料则是各种白色、彩色纸、卡纸、绒布纸、胶带，以及按照创作要求选用的其他辅助材料。[1]

当代纸造型艺术中可分为平面、立体、空间三种造型方式。平面造型有裱糊、拼贴、折叠、染色等。我们可以在造纸时加入其他粗糙的纤维材料，以增加纸张的肌理感，也可以加入染色剂并进行压印，形成各种丰富变化的纹理。立体的纸艺术造型方法很多，可以用骨架支撑也可以用纸张模塑或裱糊，不管哪种方法都能做出栩栩如生的形态。至于空间造型则多用于公共的装置或场景艺术中，它不但要追求造型工艺的科学可靠，还要体现美感和空间活力。我们在进行纸造型艺术时不但要把眼光放在技艺上，还要深刻了解空间美感的创意，用多元化材料追求作品与环境的协调，用多学科交叉的思路将其构成多元价值观念。[2] 总而言之，纸的造型已经深入我们生活和生产中的很多方面，笔者也结合社会的需要，深入研究我国传统手工纸在剪纸、年画、纸扇、综合纸艺等方面的应用，探索它们在新的艺术形态中的审美效果，致力于扩大手工纸的应用范围，加快手工纸的普及使用进程。

3.4.1　广东阳江手工纸的剪纸艺术应用

剪纸是对人们生活中的事物进行图案化、艺术化的处理，并对能够反映精神实质的部分进行夸张与变形，突出生活的本质，反映生活气息。剪纸是我国民间艺术中的瑰宝，有悠久的历史，富有特色。剪纸的基本单元是装饰化的线条和块面。中国民间剪纸以鲜明活泼的乡土色彩、精巧细腻的艺术构思、质朴纯真的田园风格著称，流传至今已有1500多年的历史[3]。自从蔡伦改进造纸术后，纸张迅速普及，剪纸艺术得到真正的发展，在人们生活中发挥了巨大的作用。现在，剪纸更多地用于装饰和外交礼品。2009年，世界百名大学女校长在南京的访问活动中，最受她们欢迎的礼品就是接待方赠送的装裱过的剪纸作品。[4]

1. 中国民间剪纸的艺术形式

中国剪纸艺术是农耕社会生活形态的反映，剪纸的民俗特色几乎

[1]　刘仁庆．五感纸与纸艺[J]. 天津造纸，2005，9.

[2]　酒路．纸媒材：当代造型艺术之演变[J]. 艺术教育，2006，9.

[3]　张淑范．民间剪纸艺术的历史与审美[J]. 湖南科技学院学报，2007，28（7）：194.

[4]　袁自龙．宣纸工艺在艺术设计创新中的载体作用[J]. 数位时尚（新视觉艺术），2009，12.

都是对农村环境、农民习俗的生动再现。中国民间剪纸主要是吉祥如意的主题，大部分是按照人民群众的理想来进行虚拟的场景，通过这些场景来预示人们具有伟大的创造力，能征服大自然，拥有美好生活，鼓舞人们不倦前行。这种积极、纯朴的民间思想使得中国的剪纸艺术代代相传，经久不息。[1]

2. 中国民间剪纸的工艺技术

剪纸是一种镂空艺术，又称刻纸、窗花或剪画，其主要方法是在纸张、金银箔、树皮、树叶、布、皮、革等片状材料上镂空剪刻，使其呈现出丰富的主题形象。[2] 中国民间剪纸的方法有折叠剪法、对称剪纸等,他不光用剪的方式还用刻的方式进行加工。剪纸要用到剪刀、刻刀、垫板、订书机、胶水、毛笔、颜料等工具。民间剪纸的颜色一般都是大红色的，简单而突显喜庆气息[3]，当然也有两色的剪纸，可以把部分图案染成黑色或其他较深的颜色。剪纸的工序复杂,有制模、印染、剪刻等，在剪纸的过程中一般是先剪里面的花纹再剪外面的边框，先剪大图后剪小图。一个精致的剪纸需要用专业的工具并经过长时间的练习才能完成。

3. 中国传统手工纸在剪纸中的应用

剪纸的材料多种多样，一般的蜡光纸、色彩纸、杂志纸等都可以使用，但用宣纸来做的剪纸效果特别好，宣纸既有韧性，又薄，刻起来一次可以多达几十张，这样产量也比以往大很多。况且宣纸的着色和渲染是其他纸品所不能达到的，因此宣纸成了极受欢迎的剪纸材料。但在本案例中，我们尝试用另一种手工纸进行，那就是广东阳江东水村手工纸。阳江的手工纸不但纸质肌理丰富，而且还具有浓厚的民俗文化色彩，和民间剪纸艺术有异曲同工之妙，它在剪纸艺术中应用定能和宣纸一样很好地彰显这种传统艺术的精神气质。

因为广东阳江手工纸的纸质比较疏松，容易撕烂，不适合精细剪刻，所以在创作中要更加强调对剪纸内容的条理化、规范化、简洁化的形象再创造。当然，剪纸的形态不能过于简化，要能表现出丰富的层次和情节。解决这对矛盾的方法就是改善阳江手工纸的质地与性能。我们在造纸的过程中增加纸张的厚度，并对纸张进行内部或表面施胶处理，增强纸张的韧性和表面强度。经过改善后的纸张剪、刻方

[1] 郜高娣．中国剪纸璀璨的纸上造型艺术 [J]. 世界遗产，2017，1.
[2] 马茜，孟艳．徐州剪纸与西北剪纸比较研究 [J]. 美术教育研究，2017，8.
[3] 闫海涛．海伦剪纸艺术初探 [J]. 美术观察，2017，3.

便，能用于任何图案的剪纸，并使剪纸更显稚拙古朴、粗犷浑厚，充满特殊的艺术魅力，形成具有阳江手工纸特色的剪纸造型。

剪纸的艺术特色不但体现在形体上更体现在颜色上。阳江手工纸印染成红色后不但能进行剪纸，更能利用其天然的黄色创造黄色风格的剪纸（图 3-25）。这种红黄颜色能把人们祈求丰衣足食、健康长寿的朴素愿望充分展现，激发人们对美满生活的追求。这在功能上也和广东阳江手工纸主要用于求神祈福的用途相吻合，这些富有吉祥寓意的剪纸融入具体的民间活动中，既能减少民间活动的迷信成分，提升活动的品位和艺术水平，又能满足广大民众的心理需要，充实精神生活。

在剪纸手法上，我们也做了一些工艺的创新，把剪纸与绘画、拼贴进行组合，并在红黄颜色之外引入蓝色来表达更为丰富的图像内容（图 3-26）。传统剪纸的工艺比较简单，主要讲究图像内容的创意与操作手法的娴熟。但现代印刷技术和印后工艺能为剪纸带来新的变化，可以产生更多精妙的剪纸产品，为各种现代装饰与文化服务。

3.4.2 江西铅山连四纸在年画印制中的应用

年画主要是指门神画，顾名思义是在中国春节使用的一种装饰艺术，属于中国画的一种体裁，常在宗教仪式、新年装饰中张贴使用。年画含有祝福、吉祥之意，饱含了人们对美好生活的期待，代表了中国古代人民对吉祥如意的理解，并希望得到神灵庇佑、祈求平安之意。[1] 中国早期的年画都与驱凶避邪、求福气这两大主题相关，在上千年的发展变化中逐渐形成了特色明显、种类丰富的年节装饰艺术，成为最富有传统色彩的中国民间艺术和民间工艺品，是最受老百姓欢迎的民间艺术。目前，年画在现代社会中已拓展到工艺礼品区域，成为特色礼品的代表。

在年画的民间应用中，我国不同地方都有自己独特的风格，并逐

[1] 吴祖鲲. 传统年画及其民间信仰价值 [J]. 中国人民大学学报，2007，11.

图 3-25
阳江手工纸不同颜色的剪纸效果（左）
图 3-26
阳江手工纸不同颜色的剪纸效果（右）

图 3-27
中国传统年画的各种用途 [3]

渐形成固定的体系。像天津杨柳青、河南朱仙镇、江苏桃花坞、山东杨家埠、四川绵竹、河北武强、陕西凤翔、广东佛山等地的木版年画等都久负盛名，各有千秋。

1. 年画的艺术特点

民间年画的色彩大都以红黄为主调，富有喜庆的感觉，在造型上主要有各类武将门神、灶爷、财神、观音、八仙、寿星等，很多戏曲人物、耕织农作、民间传说、历史故事、花卉动物、仕女、娃娃、风光景色等也应有尽有。[1] 年画不仅用于过年，平时的喜庆节日和婚丧等红白事件中，也可见到合适的类型。在嫁娶、添丁、升迁、丰收、酬神等各种事件中，都有年画艺术形式点缀其中（图 3-27）。年画还被赋予了惩恶扬善、尊崇忠良、赞美勇武的主题，起到了激励奋发的作用。[2]

2. 年画的制作方式

我国传统年画多用木头制版，用颜料分单色或多色印制而成，程序有绘图、刻版、印制等。具体说先是画师用白描法画图，然后刻工将图稿反向贴在刨平的木板上，依照线条刻纹，然后再印出样稿加上颜色，按不同颜色分别刻制出几种颜色的套印版（图 3-28）。当几种颜色的印版都准备齐全后，将纸张的一头固定，覆盖在涂有颜料的印版上，用棕刷按紧纸面来回刷 2 ~ 3 次即可完成。

在纸张的选择上，因为考虑民间应用的成本，目前在春节等日常场合使用的都是纸质较差、厚度较薄的再生纸。但如果作为收藏或工

[1] 程民生 . 木板年画发祥传播的史学研究 [J]. 首都师范大学学报（社会科学版），2016，10.
[2] 张士闪 . 中国传统木版年画的民俗特性与人文精神 [J]. 山东社会科学，2006，2.
[3] https://www.zcool.com.cn/work/ZMjIyNDE4OTI=.html

[1] 舒惠芳. 佛山年画的艺术特色分析 [J]. 大众文艺，2010，7.

艺品礼物，则需使用质量较好的手工纸，如皮纸和宣纸，因为它们本身的优良特性会让年画的档次得到提升。

3. 铅山连四纸在佛山木版年画中的应用

在用手工纸进行年画创作时，我们以铅山连四纸为材料，以佛山木版年画为载体进行创作。佛山木版年画是中国华南地区著名的民间年画，是岭南传统民俗文化的一朵奇葩。[1] 它和天津杨柳青、苏州桃花坞及山东潍坊齐称中国四大木版年画生产基地，并于 2006 年成为中国第一批非物质文化遗产。佛山市禅城区岭南大道的“佛山民间艺术研究社木版年画作坊”是佛山仅存的一间还有木版年画旧铺，其主人冯炳棠是佛山唯一一位掌握木版年画全套工序的人，雕版、印制、工笔、开相、描金无所不能。目前该年画作坊也是传承佛山年画文化的重要场所（图 3-29）。

在年画的印制试验中，因为印版的制作非常复杂，我们没法设计年画的图案，只能用现有的印版来分别用一般的画纸和铅山连四纸进行印制比较。经过了传统方法和步骤进行多色叠印后发现，用一般画纸印的年画颜色较灰暗，墨水有滞留现象，颜色有深浅不一的情况出现。但这是能满足一般民间年节使用要求的。再看用铅山连四纸印制的年画，其纸张纹理感丰富，墨迹流畅，色泽鲜艳，显得精致细腻，更能体现佛山年画的精湛工艺，能充分流露出民间工艺的传统气息（图 3-30）。

年画可算是中国传统文化的大集成，带有丰富的人文与自然气息，在民间节俗中具有非常大的作用，甚至是必不可少的，它不但是

图 3-28
中国传统年画的印版（左）
图 3-29
“冯氏世家”佛山木版年画作坊（右）

图 3-30
铅山连四纸在佛山木版年画中的应用

传统年节的一种装点，还是一种文化交流与道德教育、信仰传承的载体与方式，甚至是一种看图识字的工具，在人们的生活中扮演着重要角色，人民群众可以通过年画去弘扬正气，传承民间的忠信义。用手工纸来印制年画将会给年画带来新的发展机遇，也能扩大手工纸的应用领域，使两者都能在现代文化艺术的发展中实现自身的价值。

3.4.3 安徽泾县宣纸在中国民间纸扇中的应用

扇子在中国古代的使用源远流长，它本来是一种生活用品，后来发展为一种文化用品和装饰品，还被作为一种戏曲演出的道具，甚至成为中国文人的一种象征。中国古代扇子所涉及的工艺包括编织、粘贴、绘画、刺绣等。中国古代的扇子物美价廉、雅俗共享，深受社会欢迎。[1] 到了现代社会，中国的扇子依然是民间生活用品，除了实用价值外，还被作为代表中国文化的礼品。在第 29 届奥运会上，宣纸折扇就被奥组委作为礼品赠送给参加帆船比赛的各国运动员。

1. 中国纸扇的发展历史

我国的扇子最早可以追溯到虞舜时期，[2] 据史书称：“黄帝作五明扇……”。到了西周时“羽扇”已开始具备了装饰功能。汉代的竹子作为一种新材料应用到扇子中，出现了竹扇，后来又出现了以竹为骨架以绢为面的纨扇。现代常见的折扇在宋代就出现了，它能折叠成条状，又称折叠扇，深得人们喜爱，成了一种文化的象征。折扇在明

[1] 卢思琴 . 中国扇子文化 [J]. 中国科教创新导刊 2013，7.
[2] 杨琳 . 中国古代的扇子 [J]. 文化学刊，2007，1.

代嘉靖年间发展到了顶峰，有杭扇、苏扇、宁扇三种形式，各有不同的艺术风格，制作手法上也大不相同。其中杭扇是“杭城三绝”之一，其最著名的黑纸扇以柿汁涂扇面，扇风与遮阳并用，非常牢固耐用。而苏州折扇大多为白纸扇，与杭扇一样以竹子为扇骨，以纸绢为扇面，民间一直有“苏杭雅扇”的美称（图 3-31）。明代永乐间，人们开始在折扇上绘画题诗，逐渐使扇子发展为另一种收藏家们喜爱的艺术形式。到了清代，文人墨客在扇子上舞文弄墨成为时尚。扇面书画虽然不大，但包含了花鸟虫鱼、山水人物、民间传说等，内容丰富、风格各异，成为一种专门的艺术门类，也留下了珍贵的艺术珍品。

中国纸扇的深厚文化底蕴，不但与书画文化关系密切，还与竹文化、佛教文化有密切关系，并随着文化交流逐渐传入日本和欧洲的许多国家，在异域发扬光大。

2. 中国民间扇子的制作工艺

我国的纸扇制作技艺精湛，是一种深厚的民间工艺文化。[1] 我国古代的扇子在扇骨上多用象牙、玳瑁、檀香、竹木等材料制成，扇面则分洒金、混金、捶金、涂香等数种，有的还请能工巧匠在扇骨的面上精雕细刻，成为一件珍贵艺术品，价值极高。

不同扇子的制作工艺不一样，在竹扇方面，无论是团扇还是折扇，古时候都是和风筝一样以竹骨架、纸扇面为多。在颜色上，白纸扇用上等手工宣纸做面，素雅月白，而黑纸扇的扇面是在桑皮纸上涂用烟煤粉或柿子漆，显得乌黑匀亮。在扇子的内容方面有两种，一种是不写书法和绘画的素扇，素扇的制作主要是用胶水把纸粘接在竹架上即可，其制作优劣的考量主要是看材料与工艺的结合美；另一种是书画扇，主要是在素扇的两面作画、题字、用印，通过书画与印章增添扇子作为艺术品的观赏价值，因此很多文人雅士都有收藏书画扇的爱好。[2]

3. 安徽泾县宣纸在扇子制作中的应用

笔者依照折扇的制作工艺，用安徽泾县的手工宣纸来进行纸扇设计。因为宣纸比较柔软且耐折度高，历来是纸扇制作的首选。我们选择宣纸来制作纸扇的目的主要是检验现代宣纸新的应用效果。因为宣纸的纹理清晰，纸质洁净，所以在上面进行书画的效果非常好。此外

[1] 杨祥民，吉琳. 中国古代园林建筑设计中扇子美学的应用 [J]. 美与时代（上），2011，11.

[2] 田琪. “文质彬彬”的传统手工纸 [J]. 美术大观，2013，5.

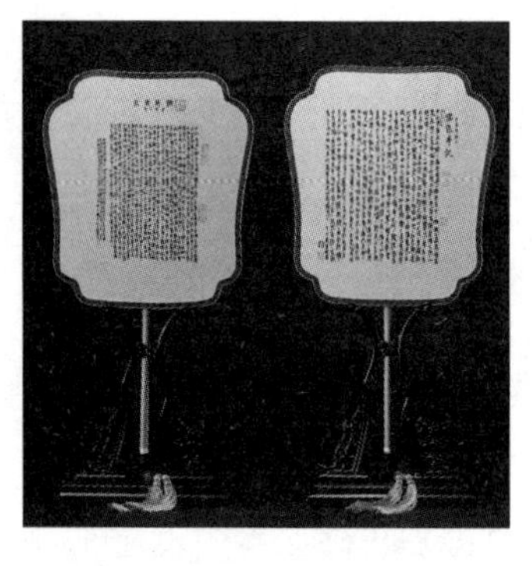

图 3-31
苏扇（百度图片）（左）
图 3-32
宣纸在竹折扇中的应用（右）

因为折扇呈半圆和辐射状，并有隐约透现的折叠纹，这些规律的纹理映衬着鲜艳的绘画和题字，显得非常别致，大方得体（图 3-32）。

除了在扇面上作字画外，我们还可以作其他装饰，例如加上花边或在扇骨上雕刻图案，都能够很好地体现扇子的艺术韵味与工艺气质。

3.4.4 各种手工纸在综合纸艺中的应用

纸张的用途相当丰富，除了可以记录文化信息外，还可以作为美丽的工艺品丰富生活，给人们的生活增加浪漫的情调，寄托人们的对生活的情感和对未来的畅想。纸艺就是这种可以丰富人们生活情调创意的应用。广义的纸艺指包括造纸艺术在内的所有与纸有关的工艺，狭义指的是以各种纸张、纸材质为主要材料，通过剪、刻、撕、拼、叠、揉、编织、压印、裱糊、印刷、装帧、装置或者高科技手段制作而成的平面或者立体的艺术品和纸艺作品。[1] 目前纸的造型设计在我国并不是十分流行，因为相关行业之间还没有打通，搞创作的艺术家对纸张的性质不是很了解，而造纸的人对艺术也不熟悉，导致双方都无法逾越不同行业的界限。[2] 本节我们将研究中国纸艺的发展状况，并把手工纸应用在综合纸艺的创作中，扩大手工纸在现代社会的应用领域。

1. 中国纸艺发展现状

纸艺在中国有着悠久的历史，最早的纸艺作为家居或服装上的装饰使用。[3] 虽然现代纸艺在我国的影响力还不够大，纸艺专店、工作室等创作团体在中国还不是很多，在各种场合用到的纸艺作品也很有限，市场大环境并不乐观。但中国纸艺市场发展空间广阔，前景可观，日本、韩国等地区的纸艺繁荣发展的现状便是很好的例证。

[1] 艺术百科：https：//baike.baidu.com/item/%E7%BA%B8%E8%89%BA/6290037?fr=aladdin

[2] 刘仁庆 . 五感纸与纸艺 [J]. 天津造纸，2005，9.

[3] 李胜 . 小手工大舞台——刘颂松纸艺手工故事 [J]. 中国集体经济，2015，8

只要找准市场定位，多出真正优秀的作品，我国的纸艺市场一定会繁荣起来。

我国目前从事纸艺创作的人员不多，在湖南益阳有一位刘颂松女士具有较大的代表性。刘颂松女士是知名的现代纸艺师，中国工艺美术学会会员，湖南巧工文化艺术有限公司董事长，巧筑天工手工体验品牌创始人，汇美阁纸艺品牌创始人。她创办的汇美阁手工艺工作室是中国经营较早、经营时间较长的手工纸艺品牌，她的纸艺创作大力推进了民间手工艺产业的发展。[1] 刘颂松女士通过研究不同时期的纸制品，并按照属性进行分类，拼贴成新的图形裱在手工纸里。这些纸艺作品利用纸片之间的通透性与隐约可见的状态，营造出古朴而典雅的感觉，并与人们的生活息息相关（图 3-33）。

2. 中国纸艺的创作创作方法

在手工纸的综合造型设计中，我们要按照一定的步骤进行:第一，对作品整体进行构思，根据主题的不同，从思想内涵、工艺流程、成品效果等方面作设计策划。第二，对工艺流程进行试验，通过设计草图对设计方案进行修正，尽可能多角度地去考虑怎样实现策划效果。第三，制作，根据试制总结出来的方法与形式进行规模化制作，制作过程中要一次成型，不要过多地反复，以免损伤纸页，影响效果。[2]

另外，在纸艺创作中还涉及选材的问题。我们在日常生活接触到的纸有牛皮纸、铜版纸、新闻纸等非常多，它们的性能各异。在纸艺的创作中，所有材料都能得到应用，只要能表现创作者的意图，不管是制图纸还是书画纸，也不管是手工纸还是半透明纸，都能发挥出自己在创作中的表现优势。事实上尽管世界上的纸种很多，但是万变不离其宗，纸的基本特征是一致的，它就是一种质轻平薄的纤维材料，

[1] 李胜. 小手工大舞台——刘颂松纸艺手工故事[J]. 中国集体经济，2015，8.
[2] 刘仁庆. 五感纸与纸艺[J]. 天津造纸，2005，9.

图 3-33
刘颂松女士的纸艺作品

我们只要抓住其肌理材质，把它的审美特征应用到艺术创作中，就能使它的价值得到发挥。

3. 四会手工纸在纸艺创作中的应用

纸是个多变的精灵，它质轻体薄，方便裁剪，可以很容易地得到各种造型，不管是平面还是立体它都能做出丰富的创意造型，创造无限的可能性，带来丰富的想象空间。[1] 综合纸艺通过纸张的变化制作各种装饰品与艺术品，呈现一种纸张的内与外、过去与现在的对话过程，让人们去欣赏纸张的美，思考纸张蕴含的内容和意义。[2]

本项目使用广东四会手工纸进行纸艺创作，通过裁剪与堆叠的方式来构造一些独特的空间形态。在制作过程中，我们首先通过折叠将四会手工纸简单地串成抽象的丰收果实，把手工纸象征美满殷实的黄色调与作品主题相结合，利用手工纸植物纤维的层次感表达一种丰衣足食的农家生活气息（图 3-34a）。此外我们还制作了一副沙漠骆驼的粘贴画，需要用到 2 种颜色的纸张，因此我们在用四会手工纸的同时还要到另一种机制硬纸板作为层叠的沙丘背景，最终作品展现出了一种充满西北风情的苍茫景象（图 3-34b）。

通过这两个案例，我们使用手工纸展现出了过去纸工艺与当今视觉元素符号的对话，让人们通过纸艺作品感受到手工纸背后的情感和记忆。我们在作品中用原始的纸艺制作方法把手工纸的美感裱进去，用纸媒介表现人与人、人与时间的关系，让观众有一种强烈的共鸣和共识。这些纸制品虽然不完美，只是一种特定的试验产物，但从中我们了解与探索了手工纸在纸艺创作中的相关内容，通过纸型的变化，感受了纸的质感与信息。总的来说，手工纸作为媒介，不单可以呈现

[1] 酒路 . 纸媒材：当代造型艺术之演变 [J]. 艺术教育，2006，9.
[2] 土鹏 . 纸媒介的感受传达 [D]. 中央美术学院，2014，5.

（a）

（b）

图 3-34
广东四会手工纸在纸艺创作中的应用

文字与图像信息，还能像琥珀一般封存一段记忆，一段感受。我们今后利用手工纸还能创作更多的优秀作品来装点人们的生活，丰富人们的情感，也促进中华传统文化的传承。

3.5　中国传统手工纸在包装设计中的运用

在经济快速发展的时代，商品竞争越来越激烈，包装的角色越来越重要。包装作为产品的衣服，对产品营销有着极大的促进作用，通过包装设计让其产品在众多竞争者中脱颖而出是每个生产者都希望达到的效果。近年来，随着商品经济的发展和环境保护意识的增强，纸包装材料因为其成本低，容易成型，印刷效果好，并有很好的抗震性能，在众多包装材料中脱颖而出，受到业界的热捧，用量快速增加，具有极大的发展潜力。[1]

因为现代产品包装已经发展成了一件艺术品，其不但要保护产品还要传递产品的文化信息和时尚美感，因而对设计者具有非常大的挑战性。

3.5.1　中国包装的发展历史

人类发展经历了漫长的岁月，而包装随着商品的出现而逐渐走进人们的生活。包装作为人类文明的一部分也有其独特的发展历程，从原始包装到传统包装，再从传统包装到现代包装，每一个阶段都有明显的特点。

第一，原始包装。在旧石器时代原始人类用天然的材料如树叶、贝壳、果壳等对物品进行的最简单包装。那时的包装都是取材于自然，并没有设计的概念。随着人类支配自然力量的不断提升，火被用在了制作生活物品上面，产生了陶器及青铜器等一些可以装东西并密封的容器。按照今天包装工业的技术标准来说，原始包装还不能算是真正的包装，但这些用来盛装物品的材料已经具有了某种包装的功能，满足了人们生活的需要，展现了人类利用大自然力量的智慧与能力，是包装的萌芽阶段。

第二，传统包装。原始社会末期，人类的生产力迅速发展，大量

[1]　张昙．纸材在包装设计中的应用研究 [D]. 湖南工业大学，2009，5.

图 3-35
传统风格的包装设计
（百度图片）

剩余物品促使了商业的出现。到了殷商和周朝时已经有了固定的商品交易场所。这时，真正意义上的商品包装出现了，它们是由皮革、木材等所制成的囊袋、箩筐、陶罐等。但此时的商业包装意识还很朦胧，人们主要注重的是包装收纳物体的实用功能。

传统包装的范围很宽泛，不但指古代和近代的包装，还指用传统风格设计的现代包装（图 3-35）。传统包装随着设计理念的进步和材料、成型技术的发达，传统包装将在弘扬中国传统文化方面发挥着更大的作用。[1]

第三，现代包装。在 19 世纪工业革命之后，商品生产与商业活动日益丰富，作为一种销售手段的现代包装设计得到快速发展。现代包装注重造型、材料、生产工艺、装潢的巧妙结合，在满足人们审美要求的同时融合了现代广告与销售的商业原理，在营销活动上服务于市场经济的发展，能够对企业和产品起到品牌宣传的作用。现代包装因为机械化和标准化的发展，手工生产已经逐步退出历史舞台。另外，新材料和新工艺的发展也促进了现代包装设计向更高的层次发展。[2]

随着 20 世纪 50 年代欧洲包装联盟的成立，很多国家和商业机构都纷纷成立了各种包装协会、包装研究中心等机构。我国直到改革开放才迎来包装工业的大发展，从国家和企业的层面都非常注重包装功能的发挥，至今已经是全球举足轻重的包装大国。

[1] 王雷．纸包装设计研究[D]. 山东大学，2011，3.
[2] 王雷．纸包装设计研究[D]. 山东大学，2011，3.

3.5.2　纸张在包装中的特点

纸材在包装中具有自然性、科技性、社会性，随着科学的发展，纸材的自然性将不断被发掘，社会性也会随着时代的脚步而不断增添新的内容。在现代包装设计中纸张已不单是信息的载体，更是信息本身的组成部分。纸材料对包装设计的贡献和其所带来的社会价值是巨大的。[1] 纸是包装设计中最重要的材料，在现代设计理念与成型技术下其物理属性及气质内涵均产生了深刻的变化，丰富了包装设计的时代角色。

1. 纸包装具有很好的环保性

纸张的原料来源于植物，是天然无污染的材料，安全卫生，不会对人体造成危害，符合生态环保的特征。按照国际上的标准，纸包装材料要符合用材减量、可重复利用、可循环再用、可降解的四大环保包装材料的要求。[2] 纸是一种从自然中来又可回到自然中去的包装材料，纸张废弃后不用做特殊处理，其天然的植物纤维便可自然降解，对自然和社会都是绿色环保的无害产品，属于“可持续开发”的环保产品，是典型的绿色包装材料。纸张的价钱便宜，供应量大，“以纸代塑”“以纸代木”是世界包装工业的发展方向。

2. 纸包装具有良好的艺术美

包装纸材种类繁多，有牛皮纸、瓦楞纸、白板纸等，每种纸都有自己的物理特性和审美特性，在视觉和触觉上有不同的外观和性格，艺术表现力也是各不相同，如胶版纸、铜版纸及特种纸的表面存在着明显的触摸质感上的差异，浅棕色的牛皮纸充满自然气息，高光洁度的白板纸具有高雅、冷艳的气质，木纹理的纸张给人温暖的感觉。[3] 为了丰富表面的视觉及触觉效果，人们还开发出各种各样材质不同的纸张，例如通过压纹的方式来得到丰富的触感，还可以根据包装的需要在造纸中加入其他成分，生产更有装饰性和针对性的新包装材料。

我们在包装设计中要深入研究纸材对消费者产生的生理效应和心理效应，研究材料间的组合美及材料与造型的有机统一，有效地利用纸材观念属性中积极和美好的部分，合理选择和充分展示纸材的美，结合包装设计内涵从纸材的特性中得到包装的艺术效果，设计出

[1]　曾文，贾晨超 . 浅析纸材料在包装设计中的表现力 [J]. 美术教育研究，2013，6.
[2]　邓海莲 . 浅谈白酒的纸包装设计 [J]. 艺术探索，2005，6.
[3]　郑芳蕾 . 纸制品包装设计特性研究 [J]. 文教资料，2014，4.

为多数人所喜爱的包装产品。[1] 具体来说就是在设计包装时把纸张的色泽、肌理、物理性能等充分展示，合理利用各种纸材的触觉质感，通过不同肌理、质地的纸材相组合，给消费者们带来更多的新鲜感（图 3-36）。

3. 纸包装具有良好的加工性

纸材料即柔软又结实，在包装中占据了重要的位置，比木头、金属、玻璃等材料的应用更为广泛。造纸工艺是奇妙的，经过植物纤维制浆处理后在网上交错组合，然后经过脱水、压榨、干燥后制成。[2] 自纸张被发明以来尽管经过各个朝代的动荡，其工艺水平一直得到很好的保持，具有很好的加工性，易裁剪、可折叠，易于成型，并且适于印刷各种图案，尤其对于食物的包装，纸材料让人们更觉得安全和新鲜，是包装的首选材料。[3]

另外还有功能纸，如防辐射纸、芳香纸、防静电纸等，他们是在造纸时添加了不同功能的纤维，或者在纸张外面覆盖具有相关功能的薄膜而成。功能纸具有疏水性好、柔软性好、透气性佳、物理强度高、不易撕裂、表面不起毛、经消毒处理不产生气味等特性。[4] 功能纸的应用领域具有针对性，要根据不同的特殊用途进行选择。

在现代包装设计中不管采用什么材料都必须具备功能与审美兼顾的原则。在保护商品、方便储运、工艺精良、视觉性好等多方面的表现决定了包装设计的成败。

3.5.3 现代绿色包装设计的理念

当前保护环境和生态是时代发展的必然要求，各种包装所带来的污染和资源浪费已经引起了各行业的重视，并制定了一系列的限制性规定，如欧盟各国对木质包装箱、发泡塑料、印刷油墨、涂料等包装材料都有明文的限制和规定。这些规定体现了绿色包装设计的思想，在包装的选材、生产、使用、回收的过程中贯彻了无害的绿色原则，能满足节省资源，可回收复用，不污染环境的生态化要求。[5]

在绿色包装理念不断深入的 21 世纪，我们要重视研究包装材料、包装工艺、包装结构的绿色化体现，加强设计环节的作用，从设计阶段就导入强势的绿色要求，才能在整个包装生产中的贯彻生态化的理念。

[1] 张昙．纸材在包装设计中的应用研究 [D]. 湖南工业大学，2009，5.

[2] 邓海莲．浅谈白酒的纸包装设计 [J]. 艺术探索，2005，6.

[3] 王诗琪．手制再生纸介质的材料语言与应用研究 [D]. 山西大学，2016，6.

[4] 张昙．纸材在包装设计中的应用研究 [D]. 湖南工业大学，2009，5.

[5] 陈嘉林．纸制品包装的绿色设计对策 [D]. 浙江大学，2005，3.

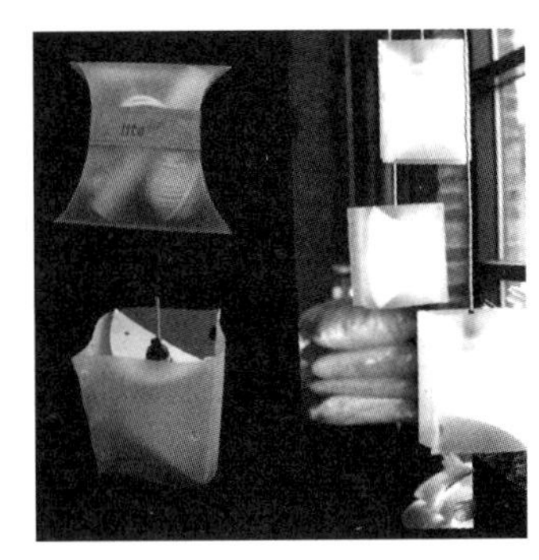

图 3-36
纸包装袋的颜色及质地组合效果（百度图片）（左）
图 3-37
灯泡包装废弃物的利用（百度图片）（右）

1. 绿色包装的实施要求

绿色包装是以节省材料、节省人力、保护环境为出发点，在包装设计及生产使用、循环再用、废弃回收等过程中都要考虑对环境的影响（图 3-37）。绿色包装要求用最少的材料，最简单的结构，最少的废弃物，最低污染环境，引领包装设计的发展方向。在满足保护产品与携带方便的前提下，加大产品重量在包装箱重量的比例，减少包装盒的空隙，降低包装造价，减少因为世俗观念而导致的包装空间的浪费，达到包装减量化设计的要求。[1]

2. 纸包装设计中的绿色体现

纸张是用植物纤维制造的，本身无臭无毒，可回收重新造纸，丢弃也可以很快降解，不会污染环境。因此它是绿色包装材料的首选，能满足生态化设计的要求，并能节约企业成本。近年随着绿色包装理念的深入人心，设计师们在设计中都会非常注重对纸张材料的选择，了解各类纸张的尺寸及模数，提高印刷拼版技巧，精打细算，减少纸张的使用量。另外，在造型和结构上也要考虑不同产品的属性、特点和储运条件，进行减量化设计，缩短生产时间，延长使用寿命，同时在设计阶段就要考虑到回收的情况，在结构上考虑方便拆卸和分类回收。[2] 在包装装潢上也要体现绿色理念，在绿色文化宣传、简洁化包装风格等方面做文章，避免带来视觉污染。在节约用纸方面，现在许多国际大公司使用可回收纸用于制作年报、宣传品、信笺、信纸等，以体现其关注环境的绿色宗旨，树立了良好的企业形象。[3]

3.5.4　设计案例：广东四会手工纸与檀香包装设计

在本设计案例中，我们主要利用广东四会手工纸进行檀香的包装

[1] 王安霞 . 基于纸材为主的绿色包装设计方法研究 [J]. 包装工程，2008，9.
[2] 郑芳蕾 . 纸制品包装设计特性研究 [J]. 文教资料，2014，4.
[3] 张昙 . 纸材在包装设计中的应用研究 [D]. 湖南工业大学，2009，5.

设计。在设计过程中，我们首先要对包装对象有较深刻的了解。檀香树干的外圈是白色的，而树心呈黄褐色，其中树心有浓郁的香气，是名贵的药材和香料，同时也是雕刻用的极好材料。我们在设计该包装时把各种包装材料的物理及外观特征都进行了复合的考虑，将具有文化内涵的包装材质与檀香产品的属性结合在一起体现檀香的品性与气质，并从绿色环保方面去体现包装的社会功能，使檀香包装具有更强的表现力和趣味性。

1. 檀香包装材料的选择

材料的选择是包装设计的第一步。目前中国传统手工纸在包装设计中的应用比较少，且大多还停留在对纸本身材质的客观认知上，未上升到精神与理念相结合的高度。结合檀香的产品性质，我们选择广东四会手工纸作为其包装材料。四会手工纸的颜色呈现出土黄色，有一种历史沉淀感，所蕴含的文化属性是其他纸张所不具备的。四会手工纸的表面粗松不平，含有丰富的色彩和独特的肌理，手感软和，有着既质朴又具艺术感的视觉效果。一般来说，手工纸的物理强度不如机制纸，但它强调的是审美效果，有自然、轻柔而富有传统感的肌理，尤其是它视觉效果中的朴素、柔和、雅致、朦胧的意蕴，具有古老东方的神秘魅力。

在檀香包装上使用四会手工纸可以提高包装的亲和力，给人们淳朴、自然、温馨的感觉，满足现代人身处高速运转的信息时代所渴望的情感回归。[1]

2. 檀香包装结构与造型的设计

包装结构与造型设计是包装设计中的两个最能体现包装特色的部分，它们相辅相成，在包装的整体效果中共同发挥作用。包装造型是包装的外观总体形象，它是通过包装的内部结构表现出来的，受内部结构的影响。一般说包装的造型和结构要具有包装的保护性、使用方便性、视觉吸引性。纸包装材料比较软，易于成型加工，可做成形态万千的包装容器，如方形、圆形、不规则形等。此外还能将基本形加以变化，能产生更多奇特的造型，使质朴的纸材包装能够满足各种需要。

在本案例的包装造型设计中，我们首先考虑审美性的体现，使

[1] 高智勇，黄曾光. 宣纸民族特征在现代包装领域中的研究 [J]. 包装工程，2011，10.

檀香包装能够通过感官作用来传递给消费者美好的心理感受，并陶冶情操。此外，还从人机工程学的角度去考虑消费者使用包装时的情况，通过模拟现实生活中的情景去实施包装的造型设计，考虑消费者对商品使用的方便性、灵巧性和包装对于人和环境的协调性。[1] 经过市场调研的创意设计，我们采用了最简单的方正檀香盒子造型，在最简单的包装造型中体现简洁的设计风格。该造型端庄得体，小巧玲珑，能体现出檀香这种精致产品的形态美。我们的设计只有功能结合使用方便的包装设计才能赢得消费者的青睐，为商品创造更多的价值。因为四会手工纸硬度不够，在造型设计中要依附其他硬纸才能使结构稳定,因此该设计是一种多材料的复合应用（图 3-38）。该包装造型在追求视觉感受中体现人文关怀，能在市场推广的同时展现包装设计文化。

3. 檀香包装装潢设计

包装装潢设计是在市场细分的趋势下，针对特定消费者和个性对包装表面的色彩、图形等方面的创意进行设计，非常讲究个性化的表现。包装装潢设计要能够将产品的特色展现给消费者，引起消费者的注意和兴趣，激发消费者的情感喜爱和购买动机。[2]

在本项目的檀香包装装潢设计中，我们非常重视在檀香产品的特征得到表现的同时追求新颖的个性化设计，使其能在众多产品中脱颖而出。我们在檀香的包装装潢设计中追求符合消费者的生理、心理需求，能够带来艺术的美感与震撼感。我们刻意打破传统檀香包装的单一与呆板，从多维层面、多种手法表现檀香的功能信息及个性特征，以求取得良好的市场效果。

我们在设计中对“香”字进行了变形设计，形成檀香燃烧时产生的烟雾袅袅的情景，并加上棕色的方块背景，与黄色手工纸形成鲜明的对比。同时还在方形盒子的腰部加上一个环形腰封，上面有抽象的山水底纹与醒目的圆形标签，总体上能给人以美观、素雅的感觉（图 3-39）。现代人们的审美和生活追求已经很高，我们只有不断追求新颖、出色、巧妙的包装才能被人们所接受。我们的设计要从心理的角度研究市场需求，满足用户在接触产品时需要的舒适感和愉悦感才能被市场接纳。本案例的檀香包装设计对檀香的性能、

[1] 张昙 . 纸材在包装设计中的应用研究 [D]. 湖南工业大学，2009，5.

[2] 张昙 . 纸材在包装设计中的应用研究 [D]. 湖南工业大学，2009，5.

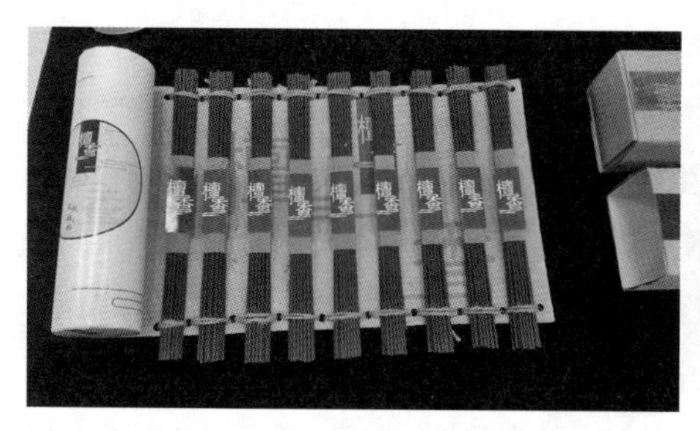

图 3-38
广东四会手工纸在檀香包装造型设计中的应用（左）
图 3-39
广东四会手工纸在檀香包装装潢设计中的应用（右）

用途、使用对象、使用环境等做了充分的考虑，最后设计的包装效果具有浓郁的传统味道，当消费者在使用该产品时心理和生理上都能感到愉悦和舒适。

3.6 中国传统手工纸作品的保护问题

手工纸在成为书画作品或工艺品后就有了比纸张本身大得多的价值，除了一些快消品外，很多都面临着收藏与保护问题。而古代文献档案、书籍和字画等的保存要求就更高。这些珍贵的文物含有纸、墨水或油墨、颜料以及胶粘剂等材料，不像玻璃、金属等那么坚固，对手工纸的科学保护关系到书画文物是否能长期保存，非常讲究，要考虑诸多因素。[1]

3.6.1 纸质文物变质的原因

纸质文物的寿命与周围的环境密切相关，它们一般都置于库房或放在陈列室供人参观浏览，暴露在空气中，当气候条件发生变化时，纸质文物不可避免会受到一些破坏，一般情况下引起纸质文物破坏的原因有以下几点。

1. 光照对纸张的影响

光线分为太阳光和各种电灯光，它们具有热作用与光化学作用。日常生活中一件织物长期处于太阳光的照射下色泽会发生明显的变化，因为光能改变颜色并使物体表面变质。长期光照对书画作品的影响很大，其中太阳光中的紫外线对纸张具有破坏作用，在强紫外线的照射下，光降解作用明显，纸张纤维强度降低非常快。

[1] 陈志炜 . 纸质文物保护环境对藏品的影响 [J]. 文物修复与研究，2016，6.

纸张中的纤维素在光的作用下会加速氧化，生成容易粉碎的氧化纤维素。当纸张潮湿时，这种破坏作用更大，使其内部结构变化，抗张强度降低，导致发黄、变脆，并使各种颜料、墨色、印泥发生褪色现象（图 3-40）。在现实当中，光对纸质文物产生的损害屡见不鲜。因此我们要把纸质文物尽可能地放在恒温的柜子里，没有光降解作用的纸张就能历久而如新，连颜色都如当初一样洁白。

2. 温度和湿度对纸张的影响

恰当的温度和湿度对保存纸质文物十分重要，温湿度控制得好，变化小，就会延长文物寿命。如果遇到外界高湿或过分干燥的情况，纸张就会不同程度地产生物理及化学方面的变化。书画所用到的纸张具有细胞一样的结构和吸收水分的能力，其对温度的变化也特别敏感，当长时间处于温度高而空气干燥的环境中时，纸张就会卷曲翘起，甚至开裂。温度是物体热能的量度参数，是保存文物环境条件的一个重要指标，高温能提高文物内部分子的运动速度，加速老化。温度越高，手工纸半衰期越短，反之半衰期则越长。总的来说，高温将加速手工纸变质，低温则可延缓手工纸的寿命。如果文物处于温度忽高忽低的环境也是非常不利于保存的，热胀冷缩的变化也会降低手工纸的抗张强度。温度的不稳定会导致其所含水分的忽多忽少，使湿度不稳定。

图 3-40
变质后的手工纸（百度图片）

湿度是空气中水汽含量或干湿的强度。湿度高的环境对文物非常不利，它会使文物发生水解而字迹褪色模糊，另外还会发生霉变或虫蛀等事件，更严重的是导致空气中的有害物质被手工纸中的水分吸收形成腐蚀性更强的无机酸，加速手工纸的脆化。最后，在湿度不同的情况下，纤维的膨胀率和收缩率不均衡，导致纤维质材料物理性的破坏。

3. 空气及粉尘污染对纸张的影响

空气污染物的来源很多，大致有工业废气、汽车尾气、家庭油烟等。它们产生的有害气体是损害纸张文物的主要因素，其中酸性有害气体有 SO_2、H_2S_2、Cl_2 等，氧化性有害气体有 O_3、NO_X、Cl_2 等，它们均会对纸张文物造成伤害。

粉尘是悬浮在空气中的矿物质和有机物质的微粒。落到纸质文物上的粉尘会在整理、翻阅时对纸张产生摩擦，导致起毛，使字迹模糊。因为粉尘中含有黏土，并容易吸收空气中的水分，一旦黏土受潮就会水解出胶状氢氧化铝，粘连纸张导致难以揭开，此外还会在纸张表面产生一层湿度较高的膜，便于有害气体渗入，增强了酸性或碱性粉尘微粒的酸化程度，这样会最终使手工纸中的纤维素受到腐蚀。粉尘中如含有孢子，则粉尘又成了霉菌孢子的传播和繁殖场所，使纸张容易霉烂。

4. 害虫与霉菌对纸张的影响

危害纸质文物的害虫很多，粗略统计便有 70 多种，严重影响了文物的长久保存，其中危害性较大的有烟草甲、皮蠹、白蚁等。它们能把手工纸吃掉，把书籍或卷轴等蛀蚀成各种虫洞，甚至直接形成碎片，使书籍或画作遭到彻底的破坏。

霉菌相对于害虫来说种类更多，约有 4 万多种。其中最常见的有曲霉菌、短梗孢属、枝孢苗属等，它们几乎无处不在，特别是在久封不动的箱子中更多。霉菌能够缓慢地使纸张变质，其对纸质文物的破坏程度跟温度、湿度、纸张酸碱度及光线强度等多种因素有关。[1]

3.6.2　书画作品的收藏保护

随着经济的发展，越来越多的人对书画艺术产生了浓厚的兴趣，名人字画开始走进千家万户。各种收藏和保护的研究成果也如雨后春

[1]　陈志炜 . 纸质文物保护环境对藏品的影响 [J]. 文物修复与研究，2016，6.

笋般出现。总的来说，我们对纸张的收藏与保护就是要减缓手工纸在长年悬挂中出现风化、虫蛀、潮霉等变质事件，避免影响文物收藏的效果和价值。

1. 书画芯的收藏与保护

书画芯就是尚未托裱的字画，很多字画都会在未托裱状态下存放许久，对其进行保护有很大的现实意义。主要需注意以下三点:第一，不能长久处于折叠状态，长久折叠会使纸张留下折印，甚至会使折叠处的手工纸纤维折断，影响画面效果。 第二，要科学装裱，不能用钉子或胶水将其固定在墙壁或者其他地方，这样会留下不可消除的铁锈与胶水，甚至导致撕破等不可修复的伤害。第三，不要与托芯共同存放。托芯后的书画厚度和硬度都会增加，耐折度反而降低，当卷起放置很长时间以后再次展开观赏时就会出现难以展开甚至拉裂的情况（图 3-41）。

正确保存书画芯的方法是不要装裱，而是要在书画芯下面衬垫一张柔软的薄纸，然后将书画芯柔和地卷起，不能绷太紧，最后再用手工纸包好放于书画盒或书橱内。

2. 书画裱件的收藏和保护

收藏名人书画档案的目的是用于欣赏，因此我们经常都会把书画展开。在展开时我们不能随便用手去拖拽，这样会留下痕迹，或因手中的汗水而使纸张局部受潮变得不平整。我们应该一手用画钗挑住画作的前端绳子，另一手托住其余部分慢慢展开，或者由另外一人托住

图 3-41
各种卷轴长时放置后的样子（百度图片）

画幅底端缓缓展开。展开的画幅不要放在凹凸不平的地方，而是应该挂起或平铺在几案上，以免造成凹折。欣赏完毕要收起画作时需由底端开始慢慢卷起，不宜卷得过紧或过松，更不能反卷。在整个过程中如果有条件应该戴上白手套，预防手脏留下印痕或汗渍，甚至是指甲留下的划痕。[1]

特别珍贵的字画是不能长期悬挂的，因为长期在光照中会导致褪色和纸质变黄。因此在欣赏完毕后就要用无色的纸作衬里卷起，用新的报纸包裹后收于遮光的盒子内。用报纸来包书画是一个很好的方法，因为其透气性较好，新报纸上的油墨还可起到抵御蛀虫的作用。收藏的书画不能随便堆放在一起，这样会因产生挤压导致字画损坏。我们应该把它装进盒子后平放收藏，因为竖起放置会导致书画产生歪斜变形。另外，为了避免忘记画作的内容而频繁开盒查看，应在盒子上贴上标签，注明基本信息以便查找。此外，还要防熏染、防高温（较适宜的温度是 14℃ ~ 24℃）、防潮（相对湿度 45% ~ 60%）、防虫霉（橱内要放里防虫防霉的药物）、防光、防尘等。[2]

[1] 何树林，吴瑞山．谈谈书画档案的收藏与保护 [J]. 山东档案，1999，3.

[2] 何树林，吴瑞山．谈谈书画档案的收藏与保护 [J]. 山东档案，1999，3.

3.6.3 书籍档案的阅读与保护

书籍是记录人类文化信息的重要载体，如果没有书籍，人类文明

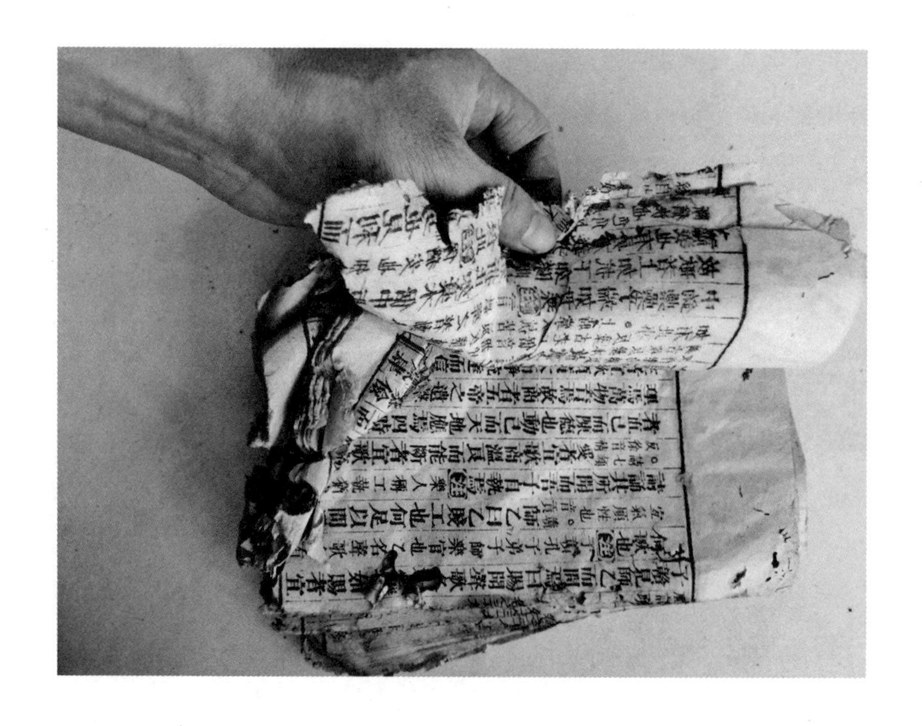

图 3-42
受到破坏的古书籍
（百度图片）

便无法得到传承。虽然我们现在留存下来的古书籍非常多，但因时间久远，大部分都破损严重，需要细心修复（图 3-42）。近年来，随着电子媒体的兴起，纸质书籍的作用减弱，或将成为历史，因此我们要注意保护现存的珍贵书籍，避免人为损害。

1. 阅读时要避免撕裂破坏

现代印制的书籍虽然没有古书籍及书画文物那么贵重，使用时效也没那么长，但因为纸张的脆弱性，为了使其能够在保质期内正常使用，我们在阅读时还是需要对其进行相应的保护，避免人为破坏。书籍和字画的不同之处是，书籍在阅读翻页时会经常与手接触，受到的破坏力多一点，因此在书籍的阅读中，我们要尽量小心，避免暴力翻阅而导致书页撕裂或中缝开裂等情况的出现。特别是古书籍，非常珍贵，在阅读中最好戴上白手套，预防汗液及污迹对书籍纸张所造成的伤害。另外，在阅读的中途我们不要有对书籍进行折角、卷起、画线等不良习惯，在阅读完毕后应将其合回放到相应书架中，避免到处乱放造成意外伤害。

2. 预防酸性物质及虫蛀的危害

书籍的保护要注意处理好书页中难以消除的酸性物质。现代的纸张大多用植物纤维为原料，当其接触到酸性物质时就会发生水解而失去粘结力，从而降低机械强度。机制纸中因为给纸上浆需要硫酸铝，在成书后如果受潮就会产生硫酸盐和水合氢离子，最终形成会侵蚀纸张的酸性物质。很多受到污染的空气会有氧化硫和氧化氰，它们非常容易在书籍中与水结合生成酸性物。因此，要避免书籍与酸性物质或水相接触，同时在一些稀缺书籍的印刷中避免使用留有大量酸性物质的纸张。

书籍除了会酸化还会受到虫蛀，放书架的地方应通风干燥，温度应该保持在 6℃ ~ 20℃左右且不要有太大的波动，湿度则应该经常保持在 50% ~ 60%之间，避免过干或过湿。此外，还要定期翻动检查是否有虫蛀等情况发生。为了减少虫害，我们可以在书架上放些卫生球。

3. 书籍遭破坏的补救方法

万一书籍遭到破坏，应使用科学的方发进行补救。例如，书籍上蘸有油迹时可在上面铺上吸水纸，再用熨斗熨几遍则可以把油分吸尽。而如果书上沾有墨水迹时，就要用 20%的双氧水（过氧化氢）

或高锰酸钾溶液滴在墨水迹的下边，再用吸水纸施加压力压在上面，等干后墨水迹就会消失。最后,若书籍因在书架上久放而积尘变黑时，则可以使用新鲜的面包瓤去擦，即能保持洁白如新。此外，还要防霉斑、防手指印、防苍蝇便迹、防铁锈迹等。

第4章

中国传统手工纸与经济、文化、社会的共存模式

我国古代人民创造了纸张，促进人类文明的进步，至今中国依然是纸的生产大国。在机制纸的生产上，中国排在美国、日本、加拿大之后，居第四位。[1] 在手工纸方面，虽然全球的产量都不高，但因传统工艺以及书画文化产业的因素，中国遥遥领先。

在近 2000 年的历史长河中，作为非物质文化遗产的中国传统手工纸在国家的经济、文化、社会建设中发挥着重大作用，甚至是不可或缺的。[2] 研究中国传统手工纸与经济、文化、社会的共存模式有利于保护传统手工纸，并带动经济、文化、社会的共同发展。如何让这个中国古代人民智慧的结晶及中国优秀文化传统传承下去，是我们如今亟待解决的问题，而真正解决的源头活水在基层，在民众之中。[3]

4.1 中国传统手工纸对我国经济建设的影响与作用

经济能够创造价值，并实现与其他价值的转化。人类经济活动的目的就是在交换中互通有无，满足物质与文化生活的需要。当人类告别手工艺时代后，机器大生产给经济发展带来新的变化，但传统产业也发挥着重要的作用。现代造纸业是当之无愧的经济大产业，但手工纸也依然是我国经济发展的重要有机组成，能丰富与完善我国市场的结构与配置。我们要发挥手工纸在我国经济建设中的作用，一方面是要增加手工纸的品种，提高手工纸的质量，形成手工纸的品牌，增加手工纸的市场份额，为美术界、文化界创造更为优质的新产品。另一方面是发挥手工纸的文化熏陶功能，从文化游与体验游的角度促进旅游业的发展。当前我国各级政府从技术开发、文化传承、保护非遗、休闲旅游等角度出发协调手工纸产业的发展,积极服务于非遗产业。[4]

4.1.1 从增加手工纸品种的角度发展经济

虽然现在倡导无纸化办公，几乎都用硬盘储存数据，纸张的使用逐渐减少。但是最后资料的保存实体仍然是纸，因为硬盘的寿命也就 15 年左右，而纸张则几乎都可以存放上百年，优质宣纸的存放则可以达到上千年之久，目前尚留存的部分宋代书画将近千年依然毫无破损。所以，纸张依然是保存重要信息资料的理想载体。[5]

[1] 吕敬人．纸的表现张力 [J]. 出版广角，1996，2.

[2] 李琼，黄春华，范婷．蔡伦古法造纸的景观化研究 [J]. 美与时代（城市版），2016，2.

[3] 王明，刘友敏．新媒介视角下的香纸沟古法造纸品牌推广研究 [J]. 贵州师范学院学报，2016，7.

[4] 严戒愚．浙西传统手工制纸的现状及出路 [J]. 包装世界，2015，3.

[5] 刘仁庆．论古纸与纸文化 [J]. 纸和造纸，2012，10.

目前占主流的当然是机制纸，其用途非常广泛，甚至用于航天工业、高新技术等。手工纸作坊的生产模式决定了其产品的数量没有机制纸多，生产效率较低，消费市场较为单一，影响力也较差，在经济效益上无法与机制纸匹敌，只在书画、手工艺、农村冥纸行业具有较大的市场（图 4-1）。但手工纸有其独有的功能，目前它的不景气是因为还没有进行充分的产品开发，尚处在一个市场细分适应的过程。

目前手工纸的生产存在很多问题，如原料供应不足、技术落后、管理人才短缺等，这些问题很难去一起解决，但我们可以从容易的入手，逐步改变手工纸低迷的状态。[1] 我们可以选择条件较好的手工纸作坊作为试点，建立原料供应地，并通过非遗传承的方式培养各类技术及管理人才，用手工造纸的技艺结合现代管理理念开发新纸张。其实手工纸产品的种类完全可以丰富化、多样化，不应该几百年来始终生产一种纸，甚至连大小、形状、样式都丝毫不变。

手工纸具有极大的实用价值与经济价值，只要在适应市场需要方面改进工艺，生产更多的纸张品种，就能在市场上实现其经济效益。[2] 我们要研究手工纸的成分、使用方式、文化内涵，开发新的纸张种类。进而在全国范围内加强产业联盟的作用，加快研发新产品，扩大其应用领域，提高市场影响力，引领消费，促进手工纸在人们生活中发挥更大的作用，满足国民生产与生活的需要。按照“机制纸是消费品，手工纸是工艺品”的原则，我们把手工纸的制作从一般产品引向精美的手工艺品的轨道。不求量多，而求质好、新颖、奇趣。把手工纸与民间美术结合起来。[3] 如果每个手工作坊生产纸张能在品种上扩展，结合文化发展的需要找准自己的定位，那一定会有更大的影响力。[4]

[1] 黄飞松．建立宣纸产业多层次保护的构想 [J]. 中华纸业，2010，1.
[2] 刘仁庆．论古纸与纸文化 [J]. 纸和造纸，2012，10.
[3] 柳义竹．传统手工纸需要扶持 [J]. 纸和造纸，1986，7.
[4] 王明，刘友敏．新媒介视角下的香纸沟古法造纸品牌推广研究 [J]. 贵州师范学院学报，2016，7.

4.1.2　从构建手工纸品牌的角度发展经济

手工纸具有悠久的历史，但目前在商品经济的发展中处于低迷状态的另一个主要原因是忽视了品牌的建设，在品牌的理念及实施方式上并没有科学的操作，导致其知名度逐渐消减。现在知道有手工纸存在的人不多，知道手工纸优异性能的就更是少之又少。在各种媒介如平面广告、视频以及相关出版物上，很少有关于手工纸的信息，其特色文化品牌的外张力与知名度完全没达到预期。在这个酒香也怕巷子深的信息时代，没有特色文化品牌难以引起社会的普遍关注，只能是逐步消亡。

民间手工造纸技艺作为一个传统文化，我们应该树立其品牌形象，将传统手工纸放在一个品牌环境中利用 CIS 战略来实现其品牌推广的战略目标，依据 CIS 形象战略的理念识别系统，全方位树立传统手工纸形象，提高传统手工纸的社会声誉，彰显其品牌魅力，提高品牌扩展力，让品牌文化带动经济效益的发展。[1]

[1] 王明，刘友敏．新媒介视角下的香纸沟古法造纸品牌推广研究 [J]. 贵州师范学院学报，2016，7.

在手工纸品牌建设的过程中，我们首先要设计一套视觉识别系统，将品牌形象视觉化，用鲜活的形象为品牌传播助力加分。有了品牌的视觉形象后我们就能逐步在市场上提高手工纸的知名度。在品牌的传播中，标志是很重要的，我们要重点设计一个标志，作为传统手工纸的象征，让人们一看到这个标志就能想到传统手工纸。另外，还要提高其宣传海报的色彩冲击力，吸引人们的视线。最后，针对传统手工纸知名度不高的问题，我们要通过宣传网站、微博、QQ、微信、网络游戏等新媒介的各种宣传手段扩大其品牌知名度（图 4-2）。还可采用微电影等方式来宣传传统手工纸，以取得良好的品牌宣传效果。只要品牌建立起来，就不愁手工纸没有经济价值。

在手工纸的品牌推广中，我们要依据 CIS 形象战略，请专业的设计公司为其量身定做一份详细的推广计划，通过邮票、吉祥物、旅游纪念品等辅助物品，利用文化节、创意会展等场合为手工纸搭建良

图 4-1
广东四会手工纸作为冥纸的产品（左）
图 4-2
贵州丹寨石桥手工纸的微信公众号（右）

好的平台，优化传统手工纸的市场发展环境，以新时代大家喜闻乐见的方式来推广，提高传统手工纸技艺文化品牌的传播力，帮助其树立在社会公众心目中的良好形象，进而开拓销售渠道。

在手工纸品牌发展的成功经验中，我们不能不提贵州丹寨的手工纸品牌，它通过研制古籍修复纸增加了产品种类，在全国都有固定的销售渠道，而且“石桥纸”的品牌效应非常大，在业界很有影响力，几乎无人不知。

4.1.3　从开发手工纸旅游的角度发展经济

我们作为四大文明古国之一，历史文化和科学技术曾领先世界，四大发明之一的造纸术更是对世界产生了深远的影响。现在中国的大地上到处可以寻到传统手工纸的足迹。如果能够利用这些古迹来进行旅游开发，从发展旅游的思路中发展经济，那将是一件非常有意义和前景的事情。作为一种社会发展中的新产物，现在的旅游建设除了著名景区外，对一些有传统文化内涵的乡村文化景点开发是新的趋势。中国古代造纸文化以其独有的历史内涵可以在旅游业的发展中实现其经济价值。我们可以对有一定交通条件的传统手工纸作坊进行适当的改造升级成为旅游景区（图 4-3），引入多样化的社会资源进行开发与保护，把手工纸的保护与旅游产业结合起来，将非遗文化导入旅

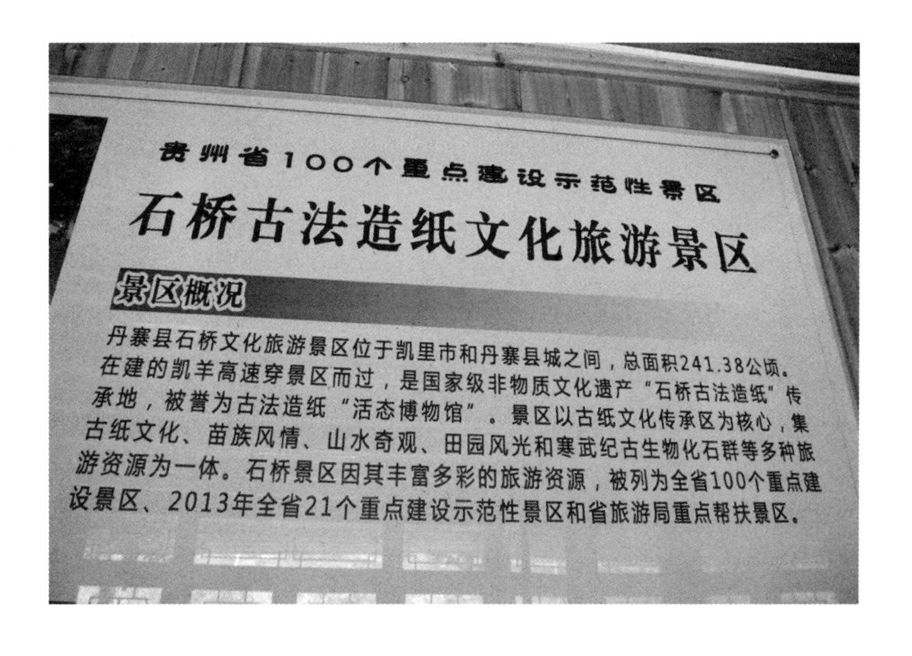

图 4-3
贵州丹寨石桥村已经建成旅游区

游发展的快车道，实现全新的手工纸经济价值。[1]

在手工纸文化旅游的建设中，我们可以投入适当资金打造一个游客体验区，例如建设中国古代造纸文化村、手工制纸工艺博物馆、手工造纸作坊等，通过各类展览、展示以及表演活动，向人们展示从一根毛竹进去，到整张纸出来的过程，用独特的方式展示中国古代伟大的科技文明。同时还可以通过亲身体验，让人们在旅游的同时接触古老工艺，学习古代文化，了解历史科技信息。这样的手工纸旅游建设符合个性化旅游市场的发展需要，可以促进旅游业的发展，增加景区的收入，实现手工纸独特的经济功能。[2]

4.1.4 从拓展文化创意产业的角度发展经济

在文化创意产业蓬勃发展的今天，我们要抓住机遇，加大手工纸同文化创意产业的紧密联系和协作。在文化创意产业的发展中，要有更多的纸张品种才能满足需求，我们可以将手工纸与其他材料结合，进行千变万化的应用。这样既可以给手工纸更多的发展空间，又可以提升整体文化创意产品的质量与魅力，获得更好的市场效果。

在手工纸文化创意产品的开发中，我们要研究如何根据目前社会的审美程度和工艺水平，通过各种加工技术增加手工纸的文化创意产品，使其更好地用到生活中的各种场合中去。我们可以利用手工纸原料的韧性和良好的肌理、颜色，开发具有传统文化风格，高雅淡俗的家居用品，如装饰品、灯具、文具等，比如利用宣纸润墨性强、保存时间长的特点，提出宣纸证书和宣纸邮票概念，如奥运获奖证书和中华人民共和国成立 60 周年纪念邮票均采用宣纸印制。另外，还可以应用手工纸设计开发各类产品包装，在国内外的文化市场中实现手工纸的经济价值（图 4-4）。通过这些举措，手工纸的产品和需求量必然会增加，这样反过来又会使手工纸得到进一步宣传，扩大市场影响力，进一步带动相关产业走出一直弱势的阴影。[3]

利用文化创意产品来扩大手工纸的用途，加大产业发展的规模不能一蹴而就，要多研究生活中的需求，找到两者的结合点，研究批量化生产的实施方式，降低成本，以更加亲民的姿态和价格来吸引更多的目光，才能有效地提升其市场占有率。[4]

[1] 刘松萍．旅游与科技的完美结合：富阳中国古代造纸印刷文化村的启示 [J]. 广州大学学报（社会科学版），2003，5.

[2] 严戒愚．浙西传统手工制纸的现状及出路 [J]. 包装世界，2015，3.

[3] 黄飞松．建立宣纸产业多层次保护的构想 [J]. 中华纸业，2010，1.

[4] 王明，刘友敏．新媒介视角下的香纸沟古法造纸品牌推广研究 [J]. 贵州师范学院学报，2016，7.

图 4-4
云南西双版纳曼召村傣族手工纸包装设计

4.2　中国传统手工纸对我国传统文化的传承与发展

我国是举世闻名的四大文明古国之一，我们的祖先用聪明才智创造了悠久的中华历史，体现了我们民族的精神面貌与文化气质，也因此使我国拥有大量的非物质文化遗产。很多学者都认为我国的非物质文化遗产具有多重价值，包括学术价值与审美价值、历史价值与应用价值等，我们传承非遗的付出是值得的。传承非遗其实就是传承我国独有的历史文化，把我们中华民族的基因及精神传递下去。季羡林先生曾说：世界上有四个文化体系：中国、印度、伊斯兰和欧美，中国是属于东方文化体系中的一员，也是东方文化的中最有影响力的文化类型。费孝通也曾说：文化是人类群体在一起生活的方式，而人们的生活环境决定了这群人的文化特征与性质。揭示了手工纸文化的诞生与各地人民生活环境和方式的关系。

对于中国传统手工纸来说，它具有强烈的民族性、地域性和历史性，它是中国文化的明显标志，是别的文化载体不可比拟或替代的。手工纸生产技艺本身就是一个传统文化，它在中国传统文化体系中诞生，与我国传统文化相互影响。首先是传统文化长久地滋养着手工纸的生存与发展，并使手工纸在文化的发展中有用武之地。其次是手工纸也为文化的传播与积累做出巨大的贡献，因为手工纸的存在，中华文化才能得到快速的发展与传播，人类文明也才能发出万丈光芒。保护我们的传统文化就是保护我们的精神家园与历史信仰。[3]

1]　刘仁庆．论古纸与纸文化 [J]. 纸和造纸，2012，10.

4.2.1 传统手工纸自身能传承传统文化

中华民族优秀的传统文化十分悠久，作为世界非物质文化遗产的传统手工纸，它与中华传统文化有着不可分割的关系，其身上的文化基因十分明显，是中华文化的一种表现。虽然非物质文化是无形的，但也必须要以有形的物质来呈现。如民歌必须要靠人来传唱一样，传统手工纸的传统技艺要依赖纸张才能得到体现，也就是手工纸本身就带有强烈的文化基因，能传承传统文化。

首先是手工纸 60 多道制作工艺包含着极大的中国传统文化因素，如材料的准备、纸张的抄造、纸张的使用等都与传统文化息息相关（图 4-5）。其次是传统手工纸本身的肌理、材质、颜色中包含着淡雅朴实的文化气息，有着宁静致远、温文尔雅的精神气息，这些都是传统文化的体现。目前我们国家正大力保护非物质文化遗产，传统手工纸就是其中之一。把各地的遗存状况及工艺技术进行记录整理并大力培养传承人，把这种民间技艺永久传承下去，其实也是一种文化传承的方式。[1]

文化不是单一的，而是包罗万象的综合体，传统手工纸也是如此。它所蕴含的文化丰富多彩，我们可以抓住传统手工纸的主要特点着重渲染，用艺术的创意来提炼文化符号，让每个造纸工序都能有精确的图案进行表达，进而通过简化和重组的方式结合视觉设计的理论将这个特色的文化符号进行处理，使其文化形态更加丰满而具体。总的来说，我国传统手工纸的保护与传承应当在原有的时间与空间要素下综合考虑，具有时代性与针对性的传承，才能使其自身起到真正传承文化的作用。

4.2.2 传统手工纸作坊能传承民间文化

在信息技术高度发达的今天，工业纸及电子存储技术是文字处理的主要载体，手工纸逐渐成为一个历史记忆。我们不能让人类优秀的传统文化就此消失，要从多角度进行传承。保护手工纸作坊的景观，将是保存人类共同历史记忆的有效途径。现在，新的景观建设正在大力进行，在开发休闲景观的同时将历史文化融合进来，使其成为特色文化景观，正成为常用手法。通过将手工纸作坊改造为旅游景观，将

[1] 李琼，黄春华，范婷 蔡伦古法造纸的景观化研究 [J]. 美与时代（城市版）2016，2.

图 4-5
安徽泾县宣纸的晒纸技艺文化（左）
图 4-6
中国宣纸博物馆里的造纸雕塑（右）

其造纸程序物化成为可以感触的景观雕塑艺术，使得传统手工纸的符号元素与景观完美结合，能有效地从环境熏陶的角度传承与保护这种民间文化（图 4-6）。

我们活动的空间只有两类：室内与室外，我们在日常生活中非常注重室内空间的营造，但对室外空间的景观就不太在意。室外景观环境是展示传统文化最长久、有效的形式之一。从我们的生活历程来看，文化元素依附于物质载体表现出来，通过将民间的手工纸融入景观设计中，以景观为载体，让人们在享受景观美的同时了解更多传统文化，让传统文化真正地融入人们的日常生活之中，为人们提供一个多元的文化熏陶环境。景观的建设也在影响着文化的发展，传统手工纸应用到景观的建设中去是对非遗的一种保护与热爱，同时也为景观的建设提供了更多的内容。[1]

以前我们传统手工纸文化的传播途径单一，多为文字、视频的宣传形式，效果不是非常理想。经过研究，我们发现对手工纸非物质文化遗产进行有效的传承与保护需要用有形的物质来进行，而经过组合设计的手工纸景观是最生动的物质载体，具有持久的影响力。故此，我们要开发既有现代文化气息又有历史底蕴的手工纸景观，能对游客产生重大的感染力。手工造纸有其原始的造纸方法，造纸工序繁杂，与如今工业化的造纸程序不同，将造纸工序作为景观小品的设计来源，将促进手工造纸文化的传递与造纸技术的传承。把文化符号景观化，既丰富了城市景观的内容，又对传统手工纸起到保护和传承的作用。打造高度统一的本土文化特色景观，通过有形的城市空间载体，构建出特定的手工纸文化符号，实现传统文化与当代景观的有机结合，这是全方位保护传统手工纸这一个重要的非物质文化遗产的有效方法，必定能更好地传承我国的传统文化。[2]

[1] 李琼，黄春华，范婷．蔡伦古法造纸的景观化研究 [J]. 美与时代（城市版），2016，2.
[2] 李琼，黄春华，范婷．蔡伦古法造纸的景观化研究 [J]. 美与时代（城市版），2016，2.

4.3 中国传统手工纸对我国社会发展的推动与促进

社会是人们认识世界和改造世界活动的产物，马克思指出，不管什么形式的社会都是人们交流活动的产物，而人类是通过和自然界发生物质和能量的交换来认识、改造世界的。为了实现这些变换，人们一定要结成一种稳固的社会关系。因此，社会不是简单的毫无关系的多人集合，而是人与人之间相互发生作用的一种关系总和。马克思还指出：各类社会生产关系的总和就构成了庞大复杂的人类大社会。[1]

根据上述理论，我国传统手工纸不是孤立的，其作为我国社会中重要一员在文化的发展与变化中贡献着重大力量。手工纸是一种传统文化的载体，它对社会发展的作用首先就是其传播了人类文化，通过文化的宣传教育使人们普及了文化知识，使社会不断进步。其次就是传统手工纸是一种商品，在生产这种商品的同时也为社会提供了大量的就业岗位，这些岗位是社会的稳定和人民安居乐业的重要保证，在人们生活与社会的发展中不可或缺。

4.3.1 手工纸在社会中发挥科普教育功能

知识经济已经来临，并在科学技术的推动下飞速发展。在这种趋势下，人类社会的形态也不会静止不变，它在时刻不停地变更着。我们全人类正走在知识、法治、公平、科学的发展快车道中。在这种社会形势下，我们必须要掌握各种各样的知识，只靠在学校学到的那点东西是远远不够的，还需要参加各种科普活动以扩大自己知识面。从我们国家的发展来看，科普是一个利国利民的大工程，其最终的目的很明确，就是要提高我国人民的文化素质。中国传统手工纸在再现造纸技术和成为文化景观的过程中完全具有科普教育的功能，在科普教育中扮演着重要角色。[2]

中国传统手工纸可以通过发展科技旅游的方式，让游客在参观与实践的过程中受到教育，自然而然地了解了大量的民间文化。科普教育具有告知启发的功能，它能让群众方便地得到在实际生活需要科学知识。同时还具有相互影响的作用，能带动与吸引其他科技意识淡薄、

[1] 邓龙奎．社会发展内涵探析 [J]. 重庆理工大学学报（社会科学），2015，8.

[2] 刘松萍．旅游与科技的完美结合：富阳中国古代造纸印刷文化村的启示 [J]. 广州大学学报（社会科学版），2003，5.

很少接受科普知识的人融入科普活动中接受科学教育。通过中国传统手工纸的科普教育，人们可以了解到详细的手工造纸知识，如水泡、剥皮、石碓捶碎、蒸煮、搅拌、制浆、抄纸、晾晒等（图 4-7），还能在这个过程中提升对中国传统科技文化的兴趣，增强我们民族文化的自信心。

中国传统手工纸在科普教育中充分展示了我国作为文明古国的风采和对世界科技的贡献，能让人们通过参观游览了解古代劳动人民智慧的结晶，感受中国鲜为人知的古代科技的博大精深，学习到许多从教科书上无法接触到的知识，同时在身临其境与亲自动手操作的实践中加强感性认识，增加对科技与传统工艺文化的兴趣。另一方面，通过实践，人们也培养了创新观念和实际动手能力，获得启迪与思考，为社会的进步发挥了积极的作用。[1]

4.3.2　手工造纸为社会提供大量就业岗位

就业是指已经成年（16 周岁以上）并具有劳动能力，依法参加某种工作并取得合理报酬的活动。现在人们就业的范围包括务农、经商或各种文化、服务工作，就业单位包括在国有企业、政府机构、事业单位、集体单位、各类公司以及私营企业等，当然还包括自由职业者。人民安居乐业，社会才能发展进步，因此为人民提供就业岗位就是对社会的巨大贡献。中国传统手工纸行业以有限责任公司、个体工商户或自主经营的方式为我国社会提供了大量的就业岗位，为很多农村富余劳动力提供了劳动致富的途径，为我国社会的安定和发展贡献了力量（图 4-8）。

在联合国教科文组织，世界文化与发展委员会的《文化多样性与人类全面发展——世界文化与发展委员会报告》中我们可知，中国和其他发展中国家的中小型企业有 25% 都从事传统手工艺的生产工作，他们使上百万的农村人口找到工作并得到稳定的收入。手工艺品的生产因为体量小、组织灵活、时间安排自由，可以成为农民朋友的灵活性工作并获得补充性的收入，也可以成为一种大有发展前途的个人职业。[2] 目前我国各地尚存 100 多处传统手工纸作坊，这些作坊虽然产量不大，但依然为社会提供着上千个工作岗位，解决了农村部分劳动

[1]　刘松萍 . 旅游与科技的完美结合：富阳中国古代造纸印刷文化村的启示 [J]. 广州大学学报（社会科学版），2003，5.

[2]　谢亚平 . 论传统手工技艺可持续发展的三种策略：以四川夹江手工造纸技艺为例 [J]. 生态经济（学术版），2014，2.

图 4-7
广东四会手工纸作坊在进行科普活动（左）
图 4-8
江西含珠实业公司为造纸工人提供的就业岗位（右）

人口的生计问题。这些作坊分两类，一是出现了雇佣关系的较大作坊，甚至是集团公司或有限责任公司，如安徽中国宣纸集团公司、江西含珠实业有限公司等，这些公司因为业务较多，聘请了大量的工作人员，不但为社会提供了大量的就业岗位还为国家贡献了大量的税收，是社会发展的生力军。另一类是没有发生雇佣关系的小家庭作坊，这些作坊仅限于家庭成员经营，虽然没有贡献大量的工作岗位和大额税收，但它起码解决了作坊主自身的工作问题，使其家庭获得生活必需的经济来源，为社会的稳定和发展发挥了积极的作用。

4.4 中国传统手工纸与社会、经济、文化协同发展的路径

在社会不断发展的步伐中，经济与文化也在不停地前进，社会、经济、文化三者密不可分，相互渗透，相互推进，已经形成了高度融合的新型体系。

良好的社会形态是经济文化得到健康发展的根基；经济的发展是社会和文化发展的动力，为后两者的发展提供物质支持；文化是一个非常广泛和最具人文意味的概念，是各地区人类的生活要素形态的统称，文化的发展也为经济、社会的协调发展提供精神养分。社会、经济、文化三者是相辅相成、不可分割的关系。世界的发展过程，就是社会与文化、经济不断融合发展的过程，在此过程中不可以厚此薄彼，必须相对均衡地发展。社会的进步必然会形成新的经济与文化形态；文化向前发展的同时社会也能向前进步，经济也能得到多种发展契机，经济的繁荣也为社会的发展做了铺垫，为文化的发展提供强有力的支撑。三者的协调发展能更加适应这个时代前进的节奏，为未来的人类的生活形态提供新的机遇和动力。[1]

[1] 苏鑫 . 浅谈文化与经济的融合发展分析 [J]. 经贸实践，2017，12.

我国传统手工纸是经济发展的一部分，为经济的发展贡献着物质财富；其自身更是中国传统文化的载体与表征，为整个社会的发展贡献着应有的力量，与我国经济、文化、社会相互依存，共同发展。

4.4.1 传统手工纸文化传承作用的发挥

文化是由人民群众在长期的历史发展中创造的，它包含无形的精神财富及有形的物质财富，可分为物质文化、制度文化和心理文化三个方面。在现代商业社会中，文化也含有物质的因素，文化产品同样可以被人们所购买、消费。以前的大锅饭时期文化事业受到很大冲击，分条割块的管理模式影响了文化业的发展，使过去一段时间内我们的文化品种非常短缺，没有市场竞争力。我国传统手工纸也一样，在中国特色社会主义建设初期，由于我们经济发展速度的需要，在某种程度上忽略了文化建设，致使其在低迷的发展中苟延残喘。在经过文化体制的改革后，我国非常重视非物质文化的保护工作，文化事业得到繁荣并快速发展，各类文化产品和服务种类都在市场运作中得到极大的丰富。[1] 现在我们已经过了粗放发展的阶段，要开始重视文化建设，用相对平等的方式对待文化与经济，提高对传统文化的保护与利用力度。

20 世纪 50 年代以来，我国的传统手工业受到不科学的对待，像手工纸一样的传统手工业逐渐消沉甚至濒临消失。[2] 保护手工纸方法，一是在观念上重视手工纸的文化传承作用，承认其在文化发展与建设上的地位，理解其在当前低迷状态上的原因，相信其必将在今后的文化建设中发挥更重大的作用。二是在政策上给予手工纸相关的发展资源，要出台相关配套措施，在景区开发、园区规划、产业管理、税收优惠等方面给予大力扶持。三是在行动上依托非物质文化遗产的东风大力培育非物质文化传承人，开展手工纸体验的活动，让民众充分了解我国手工纸的状况，并用与目前潮流文化相结合的方式，引进现代文化品牌与管理理念，使其紧跟时代节奏充分发挥其在文化传承与文化教育上的作用。

4.4.2 传统手工纸经济建设能力的提升

经济与文化的相互融合发展是目前世界的主流，也是我国实施经

[1] 魏鹏举，戴俊骋．中国文化经济发展的融合创新战略格局形成 [J]. 北京联合大学学报（人文社会科学版），2017，7.

[2] 谢亚平．论传统手工技艺可持续发展的三种策略：以四川夹江手工造纸技艺为例 [J]. 生态经济（学术版），2014，2.

济文化战略的主要内容。按照现代政治经济学的理解，经济活动是社会生产与再生产的过程中所产生的一种围绕经济效益而开展的活动，其中包涵着各种社会关系总和。这种关系是在现实的社会生产中结成的，其一定要和生产力的发展相适应，是社会中政治关系、哲学思想、宗教伦理、艺术理念等上层建筑得以建立的基础。[1] 在经济活动中，有各种各样的具体的经济产品在扮演着重要的角色。手工纸从一诞生起就是一种经济产物，是一种必需的文化用品，为社会大众所需要（图 4-9）。

[1] 聂黎．推动山东经济文化融合发展对策研究 [J]. 理论学刊，2015，11.

手工纸是不需要国家保护的，因为现在其产品还有很大市场，尤其是在书画艺术上不可替代，在社会发展中具有重要的作用。我们要清晰地认识到经济能力在手工纸自我保护中的作用，要创造条件让其在被社会需要中进行自我保护。为了提高手工纸的经济能力，我们一是要丰富纸张品种，加大品牌宣传力度，完善市场供需渠道；二是要使用手工纸开发更多的文创或生活用品，加大手工纸的开发应用力度，使其在人们的生活中发挥更大的作用；三是要大力培育优秀人才，不但改变非物质文化传承人青黄不接的局面，还要培育手工纸的设计开发人才，让手工纸能在竞争激烈的商场中找到自己的位置，使其不需要国家保护都能自己独立地生存在我国大地上，改变其随时消亡的命运。

图 4-9
作为商品形态存在的手工纸

4.4.3　传统手工纸社会分工职能的改变

社会是由人组成的，每个人的自身及思想以一定的关系形成有机体后就是社会。法国社会学家埃米尔・迪尔凯姆认为，社会可以被看作一个实体系统，为了避免“病态”的社会出现，就要满足社会系统的需要。社会是为人服务的，其发展的结果就是带动人的发展，它作为一个基础，为人的发展提供必需的条件，同时又会吸纳个人发展成果来促进自身的发展。在现实生活中，人类改造自然和社会的活动是不停息的，因此社会也不是僵化的，它会随着人的活动而逐渐变化。总的来说，社会就是人类在各种实践活动中所形成的关系总和，是各种关系相互依存、相互作用并时刻变化发展中的有机组织。[1] 手工纸在我国社会的发展中就是一种这样的有机体，它千百年来在社会中一直有明确的定位与作用，只是在近年来由于机制纸的冲击和文化产业形态的变化才暂时处于低迷状态，如果我们用合适的渠道引导它重新走进社会，使其具有人们所需要的新功能，它就能重新活起来，焕发出青春活力。

我们要尊重蕴含在手工纸中的文化价值和历史尊严，增加群众对手工纸的认同感。一方面，手工造纸所承载的工艺和文化信息是当地人密不可分的一个生活内容。另一方面，饱含手工文化的造纸技艺构成一种地域性的文化精髓，每一种手工纸都有与之相适应的生活方式与艺术价值。在生态化可持续发展理念的影响下，手工纸被认为是一种特殊文化资源，它饱含了手工艺人的生存智慧、行为方式、社会理想等密切相关的内容，也可能带来一种持续的新型发展模式。[2]

首先，我们要加强手工纸文化与功能的宣传，让人们知道这一古代科技的精华依然还在我们身边，还能为我们的生活增添光彩。特别是对青少年，我们要加大宣传和科普力度，使他们从小就能了解中华传统的灿烂文化（图 4-10）。其次要创造条件让社会民众走近手工纸，可以通过旅游开发、体验活动等方式让人民近距离接触手工造纸的材料与工艺，使人们有机会认识与开发手工纸，丰富手工纸的产品。最后要在各种民俗活动，如各种民间节日、文化节、旅游节等场合给传统手工纸展示的舞台，让其经常性地活跃在人们的生活当中。只有手工纸不再隐藏于无人问津的古作坊中，全面走进社会，用鲜活的形式

[1]　邓龙奎．社会发展内涵探析 [J]. 重庆理工大学学报（社会科学），2015，8.

[2]　谢亚平．论传统手工技艺可持续发展的三种策略：以四川夹江手工造纸技艺为例 [J]. 生态经济（学术版），2014，2.

参与社会分工，才能不被社会忘记，更好地发挥其在文化、经济中的作用，与社会共同发展。

图 4-10
广东四会对造纸原料的科普活动

第 5 章

提升中国传统手工纸艺术价值的策略

纸是我国古代闻名世界的四大发明之一，它在世界文明史上的地位毋庸置疑，它和指南针、火药、印刷术一样为我国古代文化的繁荣提供了坚实的物质技术基础，标示着我国古代科技的最高成就。纸的发明使繁重的简牍告别历史舞台，给了人们实用、廉价的书写材料，极大地方便了书写，促进了文化的积累与传播，成为人类不可或缺的文化用品。纸张对我国和世界各国文明的发展意义深远，也被世界公认是最伟大的发明之一。虽然纸是中国人发明的，但经过欧美各国不断地改良研究，在工业革命之后就出现了能够大量生产的造纸机器。现今，机制纸因其品种多、质量好、效率高而占据了绝大部分市场，这对于传统手工纸的冲击影响非常大。[1] 在这种时代背景下，我们需要研究如何提升传统手工纸的艺术价值，扩大其使用范围，使其能长久地留存在中华大地上，为人类社会的发展贡献更大力量。

5.1 手工纸的艺术价值与实际应用的演化关系

艺术价值主要是指一件艺术品所代表的艺术个性与风格所包含的价值。艺术的价值是由某件艺术品所表达的思想产生的影响决定的。但思想比较难以衡量其价值的大小，如很多哲学的思想影响了人类社会几千年，但你很难给这个思想标上价钱。不过一般来说，艺术品所能反映的精神气质与时尚潮流越独到，其价值就越高。艺术品的价值包含审美价值、历史价值、经济价值等，它们虽然有一定的独立性与专属性，但彼此不分离，统一在艺术商品的实物形态中。一件艺术作品蕴含的信息量正比于它的艺术价值，艺术的价值除了看得到摸得着的物理特性外，还体现在社会性的和历史性的意义上。艺术价值和历史价值、文化价值等指标都是软性的，但与艺术价值为基础产生的经济价值却是可以衡量的硬指标。

近来我国的经济发展不断加快，人们的生活和消费层次也越来越高，对艺术品的消费需求也越来越大，品味日渐提高，于是大量的艺术创作有了新的发挥舞台，形成了更多的艺术创作形态。艺术创作是将作者的思想与文化品位通过艺术品的固定形式表现出来的一种创作活动。[2] 手工纸除了自身是艺术作品外，还为艺术家的思想表达提

[1] 石晶. 手工纸吸水性能的改良研究 [J]. 工业技术与职业教育，2015，11.

[2] 潘德良. 艺术创作的艺术价值分析 [J]. 江西建材，2017，9.

供了纸材的表现媒介，为各种艺术作品提供物质基础。随着制作工艺的变化，手工纸在自身形态的发展过程中，逐渐融入了很多先进的思想理念，变得更加丰富多样。它对各种各样不同的创作题材，在保证实用价值的基础上，能将自身的魅力充分地发挥出来，形成更高的艺术价值。

5.1.1 利用手工纸的物理特点提升艺术价值

艺术创作不仅是作品在经过创作者的细心打磨之后形成作品的过程，也是手工纸实现自身艺术价值的必要环节之一。[1] 当艺术作品的艺术价值全面提升之后，手工纸就能够在日常生活中更为明显突出。在创作的实际操作过程中，将作品的一些潜在艺术价值发挥出来，需要从艺术创作的方法、原则以及具体的材料、工具出发，对艺术创作中的整体构思和构图进行全方位的阐述和描述，用优质的材料表现作品的精神气质。只有使手工纸材料真实地展现作品的内涵，才能够促使艺术作品的艺术价值得到有效提升。

[1] 潘德良. 艺术创作的艺术价值分析 [J]. 江西建材，2017，9.

手工纸的艺术价值是通过使用其进行书画、工艺品等艺术创作来实现的，手工纸的肌理、颜色等物理性能对其艺术价值的提升有很大作用（图 5-1）。在手工纸的艺术创作中，创作者要先对创作内容进

图 5-1
云南西双版纳傣族手工纸的肌理颜色

行设计，把作品的大致轮廓进行刻画，保证艺术作品总体上的艺术价值。在创作中，纸张材料独特的肌理效果与天然的颜色能体现出质朴雅致的艺术品位，体现出了极高的艺术价值，创作者可以根据这些物理特性来进行更为深入的图案或文字设计，更具有天然舒适和时尚新潮的美感。

手工纸由于原始的植物纤维较长，比一般的机制纸有着更好的韧性和耐破度，适合表现书画艺术作品，并以优良的材质突显作品的层次。除了肌理和颜色，手工纸的韧性、强度、耐破度、耐久度等物理特性也能提升作品的艺术价值。在手工纸的艺术创作应用中，由于艺术创作具有复杂性、抽象性的特点，在创作过程中没有固定的表达形式，需要创作者对艺术作品进行综合分析，按照艺术价值的表现要求来进行创作，保证艺术作品方案的最优化。在耐久度方面，手工纸如宣纸、连四纸等可以保存千年不变，这个优势虽然在目前无法体现，但可以增加艺术作品的神韵，带来机制纸无法具备的艺术价值。

5.1.2 通过彰显手工纸历史文化增加艺术价值

中国是一个历史悠久的大国，历史文化博大精深，我们也有在欣赏艺术作品时注重传统文化的习惯。一般情况下，创作者会根据时代特征进行艺术创作，经过百年流传后就具有历史价值，在社会中就显得特别珍贵。另外，有些艺术作品是围绕一个历史文物进行创作的，经过时间的流逝，这些艺术作品就成为文物，在现代社会中具有珍贵的历史价值。所以在进行艺术创作的过程中，创作者需要融入自身情感思想，并将中国历史文化融合进去，通过艺术作品将历史文化完美地展现在世人面前，传承历史文化。我国传统手工纸在艺术创作应用时，能够在艺术作品中融入历史文化，不但让更多的人了解中国文化，还能大大增加艺术价值。[1]

历史文化是一种经过成千上万年的积累，体现了某个国家与民族的物质文明和精神文明特征，能体现出该民族的思维方式。我国社会要向更高层次发展，一定要正视历史，在一定的经济、政治中发展自己的文化。我们的民族文化是长期凝聚和激励人们向上发展的文明结

[1] 罗锐和．美术创作的艺术价值及应用探讨 [J]. 文艺生活 · 中旬刊，2017，10.

晶，也是中华民族精神的一种体现。民族精神非常重要，当一个民族陷入困境甚至面临灭亡的危险时，就要靠民族精神的鼓舞才能振作起来。民族精神要靠传统文化来凝聚与升华，所以如何对待传统文化绝不是文化本身的问题，而是关系民族命运的消沉或发展，关系整个社会的发展。

手工纸是我国古代四大发明之一，其自身包含着非常丰富的历史文化，我们在应用手工纸进行艺术创造时，如果能够清楚其比其他机制纸优越的地方，并自觉地进行应用与表达，定能彰显其丰富的历史文化内涵，大大提升艺术价值。

5.1.3　手工纸的艺术价值与应用的多少成正比

现代艺术作品在表现手法上呈现多样化的特点，其以源于生活的题材为基本内容，展现生活中的美好事物。一般情况下，现代艺术作品主要涉及纯艺术作品和实用艺术作品这两种，其中纯艺术是指艺术创作者基于艺术理论指导对自己的艺术作品进行创作，在创作过程中也是严格按照创作流程和作品成型模式进行创作的，此创作手法可以将艺术创作思想直观地展现在世人面前，让世人进行观赏。近年来纯艺术开始接地气，通俗易懂，容易被理解和接受，成就了越来越多的艺术品市场。随着艺术作品的商业化程度不断提高，无论是在装饰、工艺品、书画作品上，还是日常生活用品中，随处可见艺术作品的身影，成为人们必不可少的物品（图 5-2）。在这样的潮流中，我们需要内涵丰富、功能实用的纸艺作品，以扩大手工纸的应用。

在手工纸的艺术应用中，其艺术作品的价值与纸张自身的艺术价值密切相关，纸张的艺术价值越大应用领域就越广。手工纸在肌理、颜色、文化内涵以及物理性能上的特点与优势使其具有非常大的艺术价值，不单在书画艺术中得到应用，还在书籍、包装、工艺品等领域得到设计师的青睐，这是新的艺术发展趋势。艺术的传承与发扬必须与时俱进，与时代发展相适应，与科学技术相融合才能丰富艺术作品的形式和功能。在纸艺术作品的应用中，我们要善于吸收新的创作理念和方法，继续在现实生活中对纸艺术进行创新应用，以更加实用新颖的表现形式展现在用户面前，提升整个民间艺术的价值。[1]

[1]　刘海年 . 东北地区民间剪纸艺术价值研究 [J]. 艺术教育，2017，9.

图 5-2
手工纸制作的生活用品及艺术品

5.2 手工纸的艺术价值与经济效益的相互关系

手工纸艺术价值的实现来自于用其创作的艺术品，这些艺术品的出现让艺术家得以表达自己的思想或宣泄自己的情感，也能从中获得经济收益，这也是艺术家进行创作的动力。[1] 其实我们人人都需要表达自己的情感，只是不同的人群有不同的表达方式。一般简单的情感可以直接通过文字或语言来表达，而复杂的情感则需要用更高层次的艺术品来表达，艺术成为人们宣泄情感和思想的高层次方式之一。我们常说艺术来源于生活又高于生活，这种说法在现当代艺术中也非常合适。艺术虽然表达的是艺术家个人的情感，但其不单是一种个体的活动，而是一种社会意识形态的表现方式，因为社会的意识通过艺术家的作品进行了展示。因此，任何一种貌似纯个人的艺术活动都必然隐含着它的社会历史因素，任何个体价值都必然隐含着艺术的社会价值。[2] 因此在手工纸的个体艺术价值中也包含着与经济社会的互动关系，其艺术价值的变化与经济效益的实现之间有着内在的必然关系。

目前，随着我国社会经济的快速发展，文化也呈现出日新月异的趋势，这使得艺术创作的范围越来越宽广。现代艺术创作十分讲究情感、个性的主观表现。艺术家在创作中能够拥有打破禁忌、跨越限制、

[1] 陈又林 . 现当代艺术价值探微 [J]. 电影评介，2009，4.
[2] 陈又林 . 现当代艺术价值探微 [J]. 电影评介，2009，4.

探索与征服新领域的主动权。这样为的是使艺术价值能得到更大程度地实现。手工纸艺术创作者需要抓准时机，在进行艺术作品创作过程中密切依照经济发展的理论，增加手工纸艺术的实用性，借助经济效益的增长来带动手工纸艺术的发展。

5.2.1　手工纸的艺术价值能够推动经济效益的增加

经济效益是指商品在对外交换时所获得的社会劳动量，是以更少的劳动量换得更多的经济收益，或是同样的经济收益而付出的劳动最少。经济效益是资金占用、人力成本以及其他成本与总体经营活动所得利益的比较。在我国经济建设中提高经济效益是发展社会的重要举措。在手工纸产品的经济效益提升工程中，我们发现其艺术价值的大小决定了经济效益的大小，我们对其艺术价值的提升能推动经济效益的提升。我们国家的经济发展迅速，人们的生活水平及文化消费方式都发生了较大的变化，对质量的要求越来越高了。伴随着这个发展趋势，艺术品行业也在悄悄地发生了变革。在此背景下，艺术创作者在进行艺术作品创作过程中需要把艺术价值的实现作为创作基础，消除艺术作品受到图案、绘画手法等因素带来的不良影响，让艺术创作向着多元化方向发展，从而提升艺术创作的经济效益。[1]

无论是哪一种类艺术创作，都需要提前做好准备工作，先将作品自身的大致结构合理地规划出来。在手工纸艺术作品的创作中，我们必须从历史文化中获取灵感，结合我国特色文化的要素和作者本身的生活经历，用或小巧或雄伟的艺术形态把作品的思想表达出来，并能在观众心里产生反响和愉悦的体验。手工纸自身有着丰富的肌理与颜色美感，具有自身的艺术价值（图 5-3）。我们需要在设计中将手工纸自身蕴含的文化特色充分展示出来，把创作者自身的感情与创意通过手工纸更好地向世人展现，从而得到市场的承认，最后也必然会提高经济效益。另外，我们在手工纸艺术创作时也要注重创意的发挥，比如将单一平面造型转化成为立体造型，将单一材料变成多材料共用，这样不仅可以增加作品的视觉效果，使得艺术创作更加具有魅力，让人们能够从多方面对作品进行欣赏，增加人们对艺术作品的喜爱度。最后，我们在手工纸创作时要结合计算机技术、印后工艺等现代

[1]　罗锐和 . 美术创作的艺术价值及应用探讨 [J]. 文艺生活 · 中旬刊，2017，10.

图 5-3
特制净皮长纤维书画纸的艺术美感

技术更好地展开思考，提高手工纸艺术创作的精准度和多样性，让艺术家可以创作出更加富有鲜明特色与深刻内涵的作品。目前，纸艺术作品创作工艺多种多样，突破了传统的单一手法，更容易展现手工纸的艺术内涵，能够最大限度地提高纸的艺术价值，进一步推动经济效益的提升。[1]

5.2.2 手工纸的经济效益能够加快艺术价值的实现

随着我国社会经济的快速发展，人们生活水平逐渐提高，精神生活越来越丰富，艺术品有了巨大的市场空间。越来越多的纸品艺术家发挥着想象力和创造力，参与到商业化的产品设计中，并在市场推广中创造出越来越高的经济效益。经济效益提升后，手工纸作品才能得到推广与发展，其艺术价值也才有更大的发挥空间。

要提高手工纸的经济效益，我们首先要对作品本身下功夫。我国的经济发展使人们的教育程度逐步提高，艺术审美也跟着日趋提高，对艺术的要求也有了新的内容，旧的一成不变的艺术作品已经难以适应当今市场的需要。手工纸艺术创作者需要在作品中更好地融入现代社会思想，结合社会潮流增加艺术创作的内容含量，满足世人对艺术作品的需要。艺术家熟知民间造纸技艺，可以很好地与商业产品相结合，以活灵活现的创作展现作品的理念，最大限度地得到消费者的认同，为企业创造更多的商业价值。只有经济效益提升了，手工纸的艺术价值才能得到实现。

[1] 刘海年 . 东北地区民间剪纸艺术价值研究 [J]. 艺术教育，2017，9.

同时，在手工纸艺术品的市场推广中，我们必须要注意运用品牌与营销的手段才能提高经济收益。营销的本质是抓住用户消费者的需求，并快速把需求商品化。我们要深入挖掘手工纸艺术品的优势与特色，产生品牌效应，进而找准消费者的需求点，有针对性地传播和销售手工纸产品。我们对手工纸的营销目的是产生客观的经济收益，进而引导更多的社会资源进入，达到更好的保护和活化的作用。在不同的行业与地区，手工纸的营销方式是不同的，但总体来说，手工纸的营销要利用非遗文化的影响力，根据手工纸的工艺特色及文化优势制定合适的营销策略，在国家大力扶持文化创意产业的东风中提升其社会影响力，最终提高经济效益，实现艺术价值。

5.3　手工纸非物质文化遗产保护的策略与模式

联合国教科文组织颁布的《保护非物质文化遗产公约》里面明确提到，非物质文化遗产是指被各群体、团体或个人视为文化遗产的各种实践、表演、表现形式、知识和技能及有关的工具、实物、工艺品和文化场所等。非物质文化遗产保护的提出与实施有着艰难的历程。1992 年联合国教科文组织世界遗产委员会在美国圣菲召开第 16 届会议，会上确定文化景观也是一种文化遗产，使人们对世界文化遗产有了更深入的认识。到了 1997 年，“人类口头与非物质文化遗产代表作”得到承认，非物质文化遗产开始以一种文化形态的方式活跃在人类文化遗产保护的浪潮中。人们普遍认为非物质文化遗产能够在保护文化的多样性、激发传统文化的创造力等方面都起到重大的作用，并能够在多文化协调发展、体现包容性等方面具有卓越的先见之明。到了 1998 年，联合国教科文组织通过决议正式设立非物质文化遗产评选委员会（图 5-4），并确定了 5 个方面的保护内容。[1] 非遗以声音、动作、技艺等活动的方式存在，因此在非遗的保护中，对人（传承人）的保护和该技艺生存环境的保护非常重要。

世界非物质文化遗产的数量及其在社会中的影响力能反映该地区的历史文化深厚的程度，一旦在联合国教科文组织中获得通过，则能在各种政策与社会资源中被更好地保护，连该地区也能被世界瞩目

[1]　李迺昕．非物质文化遗产保护工作的社会工作介入[D]. 华中农业大学，2012，6.

而得到更好的发展。非物质文化遗产植根在当地民众的生活中，依赖人的生活而存在，它是人们生产方式与民族文化内涵的活态体现。

5.3.1 我国手工纸的非遗入选和现实保护情况

2006 年我国公布了第一批入选的非物质文化遗产名录，其中手工造纸术有 7 项入选：安徽泾县的宣纸制作技艺、江西铅山连四纸制作技艺、贵州皮纸制作技艺、云南手工造纸技艺、西藏藏族造纸技艺、新疆桑皮纸制作技艺、四川夹江竹纸制作技艺，可见国家对我国手工纸的重视程度之高。2009 年中国宣纸传统制作技艺入选世界非物质文化遗产，在 39 项中国世界非物质文化遗产中排 24 位。[1] 入选世界非遗名录在某种意义上说明了手工造纸已经得到全球的重视，将来一定会得到良好的发展，但其现状不容乐观，如曾经在业内闻名的贵阳香纸沟、江西铅山石塘镇、富阳灵桥蔡家坞等地的手工纸已经消失，甚至连遗迹都难觅踪影。

我国虽然拥有数量庞大、特色明显的非物质文化遗产，但相对于发达国家来说，我们在非遗保护上的经验和力度还远远不够，比如我们在保护非物质文化遗产的工作中思想还不够统一，还有人认为非遗保护没有作用，或者认为这是国家的事情，与已无关，更未能认识和有效发挥非物质文化遗产的历史价值。[2] 更严重的是，在基层政府官员中依然以 GDP 为先，只顾眼前的经济利益，在非遗保护上雷声大雨点小，只申报，无管理，不保护的现象非常多。甚至有大批非物质文化遗产在某些地方政府手中成为政绩工程，其结果非但没有起到任何保护的作用反而加速了它的消亡。[3] 尽管现在我国上下对非遗保护的认识已经日趋统一，但民族责任感在很多方面还是敌不过经济利益，在无利可图的情况下，很多部门及个人还是选择消极应对，随着老一辈艺人的逐渐老去很多非遗项目也即将永远消失，如广东四会手工纸的工人都已经 80 多岁了，而青年从业者甚少（图 5-5）。我们正在与城市化进程进行着艰难的抗争，或正在与时间顽强地赛跑。

5.3.2 新时代下手工纸的非遗保护措施与方法

非物质文化遗产是我国历史文化与人民生活的见证者与参与者，

[1] 王春红 . 关于传统手工纸文化传承的相关问题 [J]. 文物修复与研究，2009，12.
[2] 韩征 . 从手工造纸工艺的传承谈非物质文化遗产的保护——新密市大隗镇手工造纸工艺探访 [J]. 中共郑州
[3] 李迺昕 . 非物质文化遗产保护工作的社会工作介入 [D]. 华中农业大学，2012，6.

图 5-4
世界非物质文化遗产保护的标志（左）
图 5-5
广东四会手工纸的老年工人（右）

它体现着我们的民族精神、思维方式与文化形态，也展现着我们的生命力和创造力。保护和利用好非物质文化遗产，不但可以发扬我国的优秀文化传统，还可以促进民族团结，提高民族的文化自信，提升中华民族的凝聚力，在我国新时代社会主义建设中意义深远。[1]

联合国《保护非物质文化遗产公约》中说到，保护非物质文化遗产重点是保护其生命力，其工作主要是对遗产各个方面的确认、保存、建档、研究、承传与振兴。这些工作规范能使非遗保护取得更好的效果。但这里的保护不局限于“保存”、“维护”，它是由多个环节构成的完整体系和工作过程。“振兴”也有多重含义，包括传统工艺的市场开拓与创新性发展应用等。目前，保护非遗已是全社会的共识，有了这个共识，国家宏观上的保护政策就能得到落实，我们各级政府和文化工作者要运用国家政策有意识地保护非遗的完整性与多样性，守护我们的历史记忆与精神家园。[2]

1. 完善相关法规与机构的建设

非遗的保护工作是一项复杂的社会工程，加强相关法规和部门的建设是重中之重。我国在非物质文化遗产保护法规建设方面取得一定进展，自国务院发布《关于加强文化遗产保护的通知》以来，又先后颁布了《中华人民共和国非物质文化遗产法》以及《国家非物质文化遗产保护利用设施建设实施方案》、《传统工艺艺术保护条例》等系列法律或规定，此外文化部与中国艺术研究院还联手成立了非物质文化遗产研究保护国家中心，全面协调非遗保护的各项工作。可见我国对非物质文化遗产的保护是非常重视的，有许多的非物质文化遗产在传承保护中焕发出了新的光辉。

尽管如此，这些法规还有待进一步细化与变更，许多内容已不

[1] 王春红 . 关于传统手工纸文化传承的相关问题 [J]. 文物修复与研究，2009，12.
[2] 韩征 . 从手工造纸工艺的传承谈非物质文化遗产的保护 [J]. 中共郑州市委党校学报，2009，12.

能满足现实的需要，在执行方面也有很多急需完善之处。我们应由政府牵头成立省市各级民间工艺的保护机构，并有完善的实施细则，提供非遗保护工作的组织保障，负责非遗保护中的人、财、物的协调与分配,并对保护效果负责。世界上非遗保护比较成功的国家如日本、韩国、意大利等，他们一直都非常重视机构的设置并不断根据工作的变化灵活调整、完善，值得我们认真学习。我国非遗保护的监管部门是文化部，但各省市以下的保护与研究机构没有得到有效地建立，各项工作也没有细化，这样的“保护”自然就流于形式。我们要细化非遗保护的法规，在基层政府的执行方面也加大监管力度，为手工纸的保护提供更多可操作性的政策，如将手工纸列入免税商品的行列等。如何有效发掘并可持续地利用我国非物质文化遗产资源俨然已经成为我国当下文化界乃至我国政府的当务之急。[1] 我国政府应当充分考虑加强保护民族文化血脉的急迫性，针对我国非遗的保护现状，健全各级执行部门的职责，提出更多细化且能有效施行的保护方法。

2. 保护手工纸非遗传承人

非物质文化遗产消失的根本原因是其后人不愿意从事这些工作，所以我们要对一定的人群进行保护，让他们继续从事这项一般人不愿再做的工作。在我国，手工纸最常见的传承形式就是以家庭为主的自发传承方式，这种方式非常脆弱，当外部经济环境一发生改变就会产生断裂。近些年来，因为外出打工挣钱比较多，年轻人都不愿意从事造纸工作，目前在做这项工作的几乎都是无法外出务工的老者，30岁以下的年轻人几乎无人会抄纸。另外,还因为手工纸生产讲究经验，需要长时间的练习才能掌握，年轻人也没有耐心，因此导致了很多现代化工具和化工产品正在取代原始的生产步骤，即使还在生产的手工纸作坊在工艺和材料上也发生了很多变化。

传承人是文化传承的重要角色，我国很多农村地区的民间工艺传承人多为老者，他们的文化水平不高，一定程度上导致了传承工作的困难。我们要从更大的范围和更小的年龄开始培养新一代有文化有爱好的非遗传承人（图 5-6）。传承人的数量和质量直接决定传承的效率和效果。除了家庭式的传承，我们还应该加大社会性传承，并呼吁各个组织积极配合，如行政部门、立法机构、社会团体要对传承人的

[1] 李迺昕．非物质文化遗产保护工作的社会工作介入[D]. 华中农业大学，2012，6.

技艺、经验给予一定的资格认定等。这样我们才能从青少年开始，着手培养有相关爱好、资质的大批传承人，降低文化失传的风险。[1]

确定了传承人后，政府要对其给予一定的补贴，起码使其收入不低于当地的最低工资水平，免除他们生活的后顾之忧。虽然非遗保护不能全靠金钱，但必需的资金支持还是有要的。除了经济补贴，我们还要给传承人名誉，并像职称一样有相关配套的待遇。实际上现在很多传承人是在没有经济支持的情况下进行工作的。相对于政府的补贴，他们可能更倾向于荣誉，他们更在乎自己的工作是否得到社会的肯定。当然他们有了这个荣誉也会提高本人的知名度，最终得到经济上的收益。不管怎么样，政府通过这种改“输血”为“造血”的补贴传承人方式不但能够留住人才，还能够减轻财政压力。[2] 最后我们要管理、监控传承人的工作，建立合适的考核制度，使他们在领取政府补贴，享受荣誉称号的同时也能承担自己的责任，更好地将技艺或艺能传授给更多的人。

我们要科学、系统地培养非遗传承人，采取诸如编制符合本地特色的非遗乡土教材，建立齐全的传习基地等相应措施，并建立各种非遗博物馆来陈列相关工具和作品，以便培养出更多优秀的传承人，加快非遗保护和产业化的进程。此外，我们还可以在各大中小学中将非遗技艺融入学生的课堂中,突破传统师徒相传的旧传艺体制。再有，还要积极开展与手工纸相关的产、学、研工作，在高学历人群中培养出有非遗研究兴趣和相应的创新能力与深厚文化底蕴的一专多能的现代民间工艺人才。

3. 保护手工纸非遗传承的环境

要保护非物质文化，不仅要保护传承人，还要保护传承的环境。目前我国手工纸的生产环境正在遭受严重的破坏，或者被过度开发，或者被荒废，已经影响了手工纸的正常生产。我们要采取有效的措施保护非遗的生存环境，保护好非遗的家园（图 5-7）。同时还要有效地维护传承活动中赖以生存的特定文化生态环境和人们的生活环境，使手工纸具有可持续发展的条件和土壤。[3]

另外，非物质文化遗产的保护不能违背社会的发展规律和方向，不应该用固化的方式来对待非遗。[4] 我们在非遗的保护中有一个误解，

[1] 徐印印 . 我国非物质文化遗产产业化发展 BRMP 评估分析——以傣族手工造纸技艺为例 [J]. 对外经贸，2016，6.

[2] 王春红 . 关于传统手工纸文化传承的相关问题 [J]. 文物修复与研究，2009，12.

[3] 谢亚平 . 论传统手工技艺可持续发展的三种策略：以四川夹江手工造纸技艺为例 [J]. 生态经济（学术版），2014，2.

[4] 莫力 . 非物质文化遗产的现代发展 [D]. 云南大学，2014，4.

图 5-6
贵州丹寨手工纸非遗传承人王兴武（左）
图 5-7
贵州丹寨石桥手工纸产地的开发与保护（右）

认为要固守原生态的环境才能维持非遗的“原汁原味”，殊不知时代在发展，原生态的社会环境是不可能长久存在的，脱离了现实，保护也就无从说起。传统文化技艺在古代是人们生存的一种技巧，它的存在跟当时的社会文明程度、人们消费习惯、生产方式及科技水平相关，而这些环境在现在是无法保存的。我们要用发展的眼光来看待非遗，精心谋划及努力行动，研究如何让优秀的手工造纸文化遗产适应变化了的时代和环境，并保存其精神实质，有意识地创造优良的传承环境和真实的文化空间。[1]

2018 年 2 月 4 日新华社播发的《中共中央国务院关于实施乡村振兴战略的意见》中提到要培养一批家庭工场、手工作坊、乡村车间，让乡村经济多元化发展。这跟我们保护手工纸的初衷是一致的。具体来说，我们要把手工纸生产作坊或者整个景区作为一个标本式的非遗环境进行活化保护，对造纸文化进行深入挖掘，以模拟历史场景的方式来展示非遗文化，同时吸引民众参与其中。[2] 我们可以建成体验式旅游区，里面增设文化体验空间，结合历史遗迹增建博物馆和各类表演中心，在各类传统节日里向游客展示非遗的魅力（图 5-8）。手工造纸文化体验空间作为一种满足社会发展需求的双赢模式，既能为手工纸的保护提供一体化的良好环境，又能将手工纸制作过程的所有工具及全部步骤展示出来，并进行详细讲解，为其文化的传播提供广阔平台。我国传统手工纸包含了丰富的历史文化、科技知识、民间智慧，具有非常大的保护价值。只有依靠整个环境的氛围才能尽可能多地将手工纸所蕴含的工艺文化完整地传给大众。在手工纸的体验式活动中，我们在仿古的环境里为游客提供原材料和设备，使人们能够亲自抄纸并能够设计制作花草纸等作品，不仅能让游客在体验中了解传统手工纸技艺，还能够促使旅游业的发展，从另一个角度保护了非遗传

[1] 韩征 . 从手工造纸工艺的传承谈非物质文化遗产的保护 [J]. 中共郑州市委党校学报，2009，12.

[2] 谢亚平 . 论传统手工技艺可持续发展的三种策略：以四川夹江手工造纸技艺为例 [J]. 生态经济（学术版），2014，2.

承的环境。[1]

4. 对手工纸非遗进行设计开发

传统手工技艺的保护不应该是僵化的消极保存，以致成为人们的负担，因为单纯地记录和放进博物馆的方法即使能够使其以标本的形式得到保留，但也不能使其得到有效的活态保护。非遗保护的结果如果只保留一个标本那根本是毫无意义的，我们需要在不打乱其生存环境，不改变其传统基因的基础上与现代生产、设计的理念及方法相结合，在参与社会分工与财富创造的过程中进行活态保护。因此我们需要对手工纸进行研究与开发，这不但在手工纸的非遗保护中产生积极的作用，还能在现代产品开发中有新的产品出来，创造新的价值。

我们对手工纸的开发研究包括传统工艺的科学研究与改良等系统化的研究，如对造纸原料的纤维及纸张的各种物理性能与化学成分进行测试与分析，并研究纸张性能改善后润墨性与印刷适性带来的审美变化等（图 5-9）。我们可以采用现代科学方法改善与发展传统手工纸生产中的特色技艺，如发酵制浆、日光漂白等，在保留传统技术精华的基础上对传统的一些落后加工方式进行改造，比如对劳动强度大的碎料等生产工序引进机械化的设备以提高生产率。同时借助现代科学的研究体系，吸纳现代科学知识，在不影响其遗传基因的基础上对传统手工艺进行技术改造，并保存各种样本，建立技术数据库，为未来提供可供参考的研究数据。[2] 通过对手工纸进行开发研究，不但能够提高纸张的物理性能，开发出适应市场需要的产品，还能对手工纸的历史信息作更为全面的还原和更加深入的研究。

除了对纸张生产技术进行研究，我们还要研究如何开发手工纸产品。这是对传统手工艺实现的“生产性保护”。手工纸具有独特的纹理和色彩，具有更好的审美体验与文化价值，我们可以在现代产品

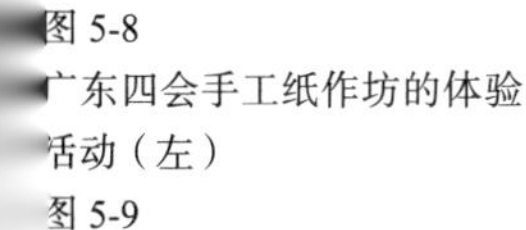

图 5-8
广东四会手工纸作坊的体验活动（左）
图 5-9
云南西双版纳傣族手工纸的开发研究室（右）

[1] 萨如拉 . 知识审计视域下非物质文化遗产保护研究 [J]. 会计之友，2014，1.

[2] 谢亚平 . 论传统手工技艺可持续发展的三种策略：以四川夹江手工造纸技艺为例 [J]. 生态经济（学术版），2014，2.

开发中使用手工纸，通过富有创意的手工纸产品带来触感的回忆与情感的体验。这就是从“纸技艺”传承过渡到“纸工艺品”开发的高级保护及文化升值的过程。我们在日常生活应用中对手工纸进行开发不但能提高生活的品位，也能反过来促进对手工纸整个产业链的保护，包括其他有关的工艺，如纸帘制作技术、纸架搭建工艺等也会受到一体化的保护。目前我国的手工纸使用范围较窄，多用于书画纸、冥纸等。与此形成鲜明对比的是日本、韩国等非遗保护较好的国家，他们吸纳众多设计师参与到手工纸新产品的研发之中，并将其和现代印刷技术、包装成型技术、产品新功能等进行了很好地结合，产生了多种跟现代生活密切相关的产品，具有独特的东方韵味与民间信息，深受民众的欢迎。日本琦玉、高知等和纸产地设立的工艺试验场以及菲律宾丹托科试验场作为专门从事手工纸生产、科研和技术培训的基地，对于继承和发展传统手工纸将发挥很大的作用。[1]

手工纸与工业纸相比有其明显的独特性、艺术性，用手工纸制成的工艺品、生活用品等商品可以满足市场的某些需要，提高经济收益，增加人们对其进行保护的动力。从历史的角度看，手工纸的产生与发展乃至后来的消沉都跟社会发展相适应并与当时的市场密切相关，我们将本土的历史元素融合到现代使用中来保护传统文脉是非常明智的。我们可以在手工纸新产品的开发中利用专利技术推动高水平的开发活动，并通过市场推广让手工纸产品深入到人们的生活中去。[2]

5. 加大手工纸品牌建设的力度

目前，我国手工纸基本都是家庭作坊式的生产，有订单就开工，没有就弃置一边。对产品也没有良好的包装和品牌营销计划，完全暴露在残酷的市场竞争中，任由市场淘汰。因为传统手工业主的市场运作经验不足，没有办法对手工纸进行系统地开发推广，因此市场状况一直低迷，难以扩大生产规模。

在市场因素中，包含功能优势、品牌优势、价格优势等多个方面，其中消费者最看重的就是功能和价格两方面。[3] 我们在手工纸产品开发中可以和市场专家及销售精英们一起来研究产品的品牌计划，通过产品命名、产品形象设计、产品故事宣讲等方式建立手工纸的品牌，并通过群体参与、文化体验等方式带动手工纸品牌文化的发展，然后

[1] 谢亚平 . 论传统手工技艺可持续发展的三种策略：以四川夹江手工造纸技艺为例 [J]. 生态经济（学术版），2014，2.

[2] 萨如拉 . 知识审计视域下非物质文化遗产保护研究 [J]. 会计之友，2014，1.

[3] 徐印印 . 我国非物质文化遗产产业化发展 BRMP 评估分析：以傣族手工造纸技艺为例 [J]. 对外经贸，2016，6

再借助现代品牌管理和宣传的方法进行推广，让更多的人对手工纸产品有足够的认识与关注。在众多手工纸品牌的建设中，比较成功的是安徽泾县的红星牌中国宣纸，它在产品销售中结合市场的运行规则加大促销力度，市场影响力非常大，在品牌建设与推广方面具有良好的方法与丰富的经验（图 5-10）。

在宣传方面，我们除了把纸张的肌理优势展现出来以外，还要重点显现其自身的历史文化及技术内涵。我们可由政府文化部门联合高校相关专业人士出版正版学术书刊，并通过刊物、视频、微博、微信公众号、QQ 等各种新媒体工具扩大宣传效果，然后利用各种国内外大型商务、文化、体育等活动进行宣传，提高公众对该项非物质文化遗产的认同度。在宣传中我们也不要只宣传产品，还要更深一步地宣传这种产品诞生的历史背景以及工艺文化特色等，以提高对传统工艺品的文化价值。[1] 经过营销推广，手工纸产品必然得到更广渠道的应用，使手工纸的价值得到体现，让手工艺人的劳动得到尊重和合理地回报。[2]

[1] 王春红 . 关于传统手工纸文化传承的相关问题 [J]. 文物修复与研究，2009，12.
[2] 谢亚平 . 论传统手工技艺可持续发展的三种策略：以四川夹江手工造纸技艺为例 [J]. 生态经济（学术版），2014，2.

图 5-10
红星牌中国宣纸的品牌宣传效果

参考文献

[1] 后汉书・宦官传・蔡伦.

[2] 潘吉星.灞桥纸不是西汉植物纤维纸吗 [J]. 自然科学史研究，1989，8（4）.

[3] 刘仁庆.造纸术与纸文化 [J]. 湖北造纸，2009（3）.

[4] 戴家璋.中国造纸技术简史 [M]. 北京：中国轻工业出版社，1994.

[5] 何蕾，朱炳帆.传统与现代：四会历史文化探源 [J]. 文化遗产，2009，7.

[6] 闫玥儿.非物质文化遗产贵州丹寨古法造皮纸的织构性质研究 [J]. 复旦学报，2016，12.

[7] 冯雪琦.贵州丹寨古法造皮纸考察 [J]. 文物修复与研究，2014，7.

[8] 郭宁娜.贵州丹寨“古法造纸”重焕生机 [J]. 科技视界，2011，11.

[9] 顾静，薛媛.贵州丹寨石桥古法造纸技艺溯源 [J]. 兰台世界，2014，10.

[10] 粟周榕，黄小海.去丹寨寻花问纸 [J]. 中华手工，2009，1.

[11] 富阳县志编纂委员会.富阳县志 [M]. 杭州：浙江人民出版社，1993，8.

[12] 周安平.20 世纪 50 ~ 60 年代浙江省富阳市手工造纸业研究 [D]. 浙江财经学院，2013，1.

[13] 刘松萍.旅游与科技的完美结合——富阳中国古代造纸印刷文化村的启示 [J]. 广州大学学报（社会科学版），2003，5.

[14] 胡修靖.杭州市富阳区造纸行业的现状与未来：富阳造纸行业分析 [J]. 商，2015，2.

[15] 文心.富阳造纸工业遭遇行业升级冲击波 [J]. 造纸化学品，2006，3.

[16] 葛彩虹.循环经济与传统产业的生态耦合性思考——以杭州富阳造纸产业为例 [J]. 山东行政学院学报，2016，4.

[17] 姚金金.夹江手工造纸技艺及其品牌形象研究 [D]. 四川师范大学，2016，6.

[18] 吴雅.故纸犹香——夹江手工纸的魅力 [J]. 美术大观，2013，6.

[19] 刘仁庆.参观“四川夹江手工造纸博物馆”散记 [J]. 纸和造纸，1989，10.

[20] 谢亚平.论传统手工技艺可持续发展的三种策略——以四川夹江手工造纸技艺为例 [J]. 生态经济（学术版），2014，2.

[21] 李贵华.浅论夹江手工造纸业的发展—下 [J]. 中国造纸，1989，5.

[22] 肖坤冰.论夹江传统手工造纸研究的学术价值及其现实意义 [J]. 中国造纸，2013，6.

[23] 孙琳.四川省夹江县传统手工竹纸调查研究 [D]. 西南大学，2015，4.

[24] 杨玲，李文俊.夹江大千书画纸生产及其研究进展 [J]. 黑龙江造纸，2010，9.

[25] 李忠峪.基于手工造纸的云南少数民族历史档案材料耐久性研究 [D]. 云南大学，2012，6.

[26] 王诗文．云南民族手工造纸的现状与发展前景 [C].2009 中日韩造纸史学术研讨会．
[27] 石礼雄．传承中的思考——传统连四纸制作技艺浅析 [J]. 华东纸业，2011，10.
[28] 李友鸿．关于连四纸保护与开发的战略思考 [J]. 上饶师范学院学报，2015，8.
[29] 方晓阳．安徽泾县“千年古宣”宣纸制作工艺调查研究 [J]. 北京印刷学院学报，2008，12.
[30] 刘仁庆．如何实现宣纸的中国梦：为宣纸的科学发展建言献策 [J]. 纸和造纸，2014，8.
[31] 刘仁庆．宣纸成功入选联合国“非遗”[J]. 湖北造纸，2009，12.
[32] 吴世新．小岭青檀溪水旁曹氏宣纸天下扬——泾县小岭宣纸历代成名记 [J]. 中华纸业，2011，9.
[33] 曹天生．中国宣纸传统制作技艺之“传统”探析 [J]. 自然辩证法研究，2012，5.
[34] 黄飞松．建立宣纸产业多层次保护的构想 [J]. 中华纸业，2010，1.
[35] 许婧．手工造纸与客家族群文化研究——以“连城宣纸”为例 [J]. 云南民族大学学报（哲学社会科学版），2010，7.
[36] 吴勇，伍丹．纸在现代与传统绘画中的应用 [J]. 纸和造纸，2015，7.
[37] 高慧．宣纸的力学行为研究 [J]. 上海造纸，2008，6.
[38] 晓然．宣纸制作技艺 [J]. 中国工会财会，2016，1.
[39] 吴世新．宣纸生产工艺与润墨 [J]. 中华纸业，2008，29（7）.
[40] 赵代胜．宣纸纤维特征与真伪研究 [J]. 中华纸业，2014，4.
[41] 刘仁庆．关于宣纸四大特性的解释 [J]. 纸和造纸，2008，6.
[42] 王连科．纸中珍品——宣纸 [J]. 黑龙江造纸，2004，9.
[43] 袁自龙．宣纸工艺在艺术设计创新中的载体作用——以礼品艺术设计应用为例 [J]. 数位时尚（新视觉艺术），2009，12.
[44] 姚超．宣纸制作技艺保护状况调查研究 [D]. 安徽医科大学，2012，4.
[45] 佘光斌．宣纸价值之我见 [J]. 纸和造纸，2008，7.
[46] 李硕．宣纸认识的误区及其危害 [J]. 艺术科技，2014，7.
[47] 边纪平．泾县：擦亮宣纸品牌 [J]. 中国品牌，2017，2.
[48] 梁灶群．试论历史文化名村的整体保护——以广东四会获利村为例 [J]. 神州民俗（学术版），2012，4.
[49] 周文娟．会纸工艺传承的意义 [J]. 中国造纸，2016，1.
[50] 刘仁庆．中国早期的造纸技术著作——宋应星的《天工开物．杀青》[J]. 纸和造纸，2003，8.
[51] 蒋玄佁．中国绘画材料史 [J]. 上海：上海书画出版社，1986.
[52] 王菊华．中国古代造纸工程技术史 [M]. 山西：山西教育出版社，2006.

[53] 黄盛茂 . 腾冲手工抄纸工艺调查报告 [J]. 昆明冶金高等专科学校学报，2007，3.

[54] 廖国一 . 传统与创新：乐业县把吉村高山汉古法造纸与旅游开发研究 [J]. 广西右江民族师专学报，2004，8.

[55] 刘倩玲，黄燕熙 . 广西都安书画纸厂调研报告 [J]. 沿海企业与科技，2016，12.

[56] 杨沫干 . 艰苦创业迎挑战——广西都安书画纸厂创业纪实 [J]. 广西财政，2000，2.

[57] 陈彪 . 海南儋州中和镇加丹纸田野调查与研究 [J]. 广西民族大学学报，2016，2.

[58] 王诗琪 . 手制再生纸介质的材料语言与应用研究 [D]. 山西大学，2016，6.

[59] 田琪 .“文质彬彬”的传统手工纸 [J]. 美术大观，2013，5.

[60] 黄洪澜 . 浅谈肌理在平面设计中的运用 [J]. 学理论，2010，4.

[61] 周玉基 . 纸本书籍设计中的纸张美感探究 [J]. 艺术评论，2007，12.

[62] 刘仁庆 . 关于宣纸四大特性的解释 [J]. 纸和造纸，2008，6.

[63] 尤尼，马杜拉 . 快捷地将湿部添加剂注入造纸工艺过程 [J]. 国际造纸，2008，1.

[64] 纸、纸板、纸浆及相关术语（GB4687-2007）.

[65] 王菊华 . 中国古代造纸工程技术史 [M]. 山西：山西教育出版社，2006.

[66] 石晶 . 手工纸吸水性能的改良研究 [J]. 工业技术与职业教育，2015，11.

[67] 董锐才 . 论再生纸业清洁生产管理 [J]. 绿色科技，2010，2.

[68] 戴家璋 . 中国造纸技术简史 [M]. 北京：中国轻工业出版社，1994.

[69] 康启来 . 压纹包装纸生产工艺技术之我见 [J]. 印刷世界，2009，9.

[70] 王鹏 . 纸媒介的感受传达 [D]. 中央美术学院，2014，5.

[71] 孙寅. 纸张表面粗糙度和照射条件对纸张白度的影响 [J]. 包装工程，2005，12.

[72] 郑炽嵩、罗琪 . 菲律宾手工纸加工和纸工艺品的制作技术 [J]. 广东造纸，1990，7.

[73] 张昙 . 纸材在包装设计中的应用研究 [D]. 湖南工业大学，2009，5.

[74] 东蔺 . 黑白激光打印机工作原理及换粉技巧 [J]. 电子制作——电脑维护与应用，2005，7.

[75] 刘仁庆 . 略谈古纸的收藏 [J]. 天津造纸，2011，9.

[76] 翁子杰 . 论汉末魏晋文字发展孕育的物质基础 [J]. 南阳师范学院学报，2006，7.

[77] 刘仁庆 .“纸文化杂谈”之四 刍议与纸有关的国画 [J]. 中华纸业，2011，1.

[78] 孟红霞 . 浅谈传统绘画创作中笔墨意境的应用 [J]. 科技信息，2010，3.

[79] 陆丹 . 论书籍装帧的文化意蕴设计 [J]. 美术界，2008，7.

[80] 朱霭华 . 书籍装帧的纸材选择 [J]. 编辑之友，2000，4.

[81] 许兵 .“有意味的形式”——书籍装帧设计的整体之美 [J]. 浙江工艺美术，2005，10.

[82] 吕敬人 . 纸的表现张力 [J]. 出版广角，1996，2.

[83] 刘音 . 艺纸成书——艺术纸与创意书装设计 [J]. 艺术与设计（理论），2012，6.

[84] 赵健 . 交流东西书籍设计 [M]. 广州：岭南美术出版社，2008.

[85] 吴娇娇 . 传统手工纸在现代灯饰设计中的应用探索 [J]. 艺术与设计（理论），2010，12.

[86] 朱斐然 . 纸浆造型艺术在生活中的运用研究 [D]. 华南理工大学，2015，6.

[87] 罗静芝 . 灯饰设计中光影的设计关怀研究 [D]. 湖南工业大学，2012，6.

[88] 周凡，朱燕莉 . 浅谈居住空间灯饰设计 [J]. 建筑工程技术与设计，2016，10.

[89] 何蕊，徐钊，郭晶 . 现代灯饰设计创意方法研究 [J]. 家具与室内装饰，2016，9.

[90] 王传智 . 灯饰设计在家装设计中的运用 [D]. 哈尔滨理工大学，2017，5.

[91] 刘金泉 . 浅谈情感化的家居灯饰设计 [J]. 文艺生活 · 文海艺苑，2013，10.

[92] 甘桥成，徐人平 . 现代家居灯饰设计的比例与尺度 [J]. 照明工程学报，2010，8.

[93] 徐斯程，何玲玲 . 浅析欧式古典风格在现代灯饰设计的运用 [J]. 科教导刊，2015，6.

[94] 刘仁庆 . 五感纸与纸艺 [J]. 天津造纸，2005，9.

[95] 酒路 . 纸媒材：当代造型艺术之演变 [J]. 艺术教育，2006，9.

[96] 张淑范 . 民间剪纸艺术的历史与审美 [J]. 湖南科技学院学报，2007，7.

[97] 袁自龙 . 宣纸工艺在艺术设计创新中的载体作用 [J]. 数位时尚，2009，12.

[98] 郤高娣 . 中国剪纸璀璨的纸上造型艺术 [J]. 世界遗产，2017，1.

[99] 马茜，孟艳 . 徐州剪纸与西北剪纸比较研究 [J]. 美术教育研究，2017，8.

[100] 闫海涛 . 海伦剪纸艺术初探 [J]. 美术观察，2017，3.

[101] 吴祖鲲 . 传统年画及其民间信仰价值 [J]. 中国人民大学学报，2007，11.

[102] 程民生 . 木板年画发祥传播的史学研究 [J]. 首都师范大学学报，2016，10.

[103] 张士闪 . 中国传统木版年画的民俗特性与人文精神 [J]. 山东社会科学，2006，2.

[104] 舒惠芳 . 佛山年画的艺术特色分析 [J]. 大众文艺，2010，7.

[105] 卢思琴 . 中国扇子文化 [J]. 中国科教创新导刊，2013，7.

[106] 杨琳 . 中国古代的扇子 [J]. 文化学刊，2007，1.

[107] 杨祥民，吉琳 . 中国古代园林建筑设计中扇子美学的应用 [J]. 美与时代，2011，11.

[108] 李胜 . 小手工大舞台——刘颂松纸艺手工故事 [J]. 中国集体经济，2015，8.

[109] 王雷 . 纸包装设计研究 [D]. 山东大学，2011，3.

[110] 曾文，贾晨超 . 浅析纸材料在包装设计中的表现力 [J]. 美术教育研究，2013，6.
[111] 邓海莲 . 浅谈白酒的纸包装设计 [J]. 艺术探索，2005，6.
[112] 郑芳蕾 . 纸制品包装设计特性研究 [J]. 文教资料，2014，4.
[113] 陈嘉林 . 纸制品包装的绿色设计对策 [D]. 浙江大学，2005，3.
[114] 王安霞 . 基于纸材为主的绿色包装设计方法研究 [J]. 包装工程，2008，9.
[115] 高智勇，黄曾光 . 宣纸民族特征在现代包装领域中的研究 [J]. 包装工程，2011，10.
[116] 陈志炜 . 纸质文物保护环境对藏品的影响 [J]. 文物修复与研究，2016，6.
[117] 何树林，吴瑞山 . 谈谈书画档案的收藏与保护 [J]. 山东档案，1999，3.
[118] 吕敬人 . 纸的表现张力 [J]. 出版广角，1996，2.
[119] 李琼，黄春华，范婷 . 蔡伦古法造纸的景观化研究 [J]. 美与时代（城市版），2016，2.
[120] 王明，刘友敏 . 新媒介视角下的香纸沟古法造纸品牌推广研究 [J]. 贵州师范学院学报，2016，7.
[121] 严戒愚 . 浙西传统手工制纸的现状及出路 [J]. 包装世界，2015，3.
[122] 刘仁庆 . 论古纸与纸文化 [J]. 纸和造纸，2012，10.
[123] 黄飞松 . 建立宣纸产业多层次保护的构想 [J]. 中华纸业，2010，1.
[124] 柳义竹 . 传统手工纸需要扶持 [J]. 纸和造纸，1986，7.
[125] 刘松萍 . 旅游与科技的完美结合——富阳中国古代造纸印刷文化村的启示 [J].
[126] 广州大学学报（社会科学版），2003，5.
[127] 邓龙奎 . 社会发展内涵探析 [J]. 重庆理工大学学报（社会科学），2015，8.
[128] 谢亚平 . 论传统手工技艺可持续发展的三种策略——以四川夹江手工造纸技艺为例 [J]. 生态经济（学术版），2014，2.
[129] 苏鑫 . 浅谈文化与经济的融合发展分析 [J]. 经贸实践，2017，12.
[130] 魏鹏举，戴俊骋 . 中国文化经济发展的融合创新战略格局形成 [J]. 北京联合大学学报（人文社会科学版），2017，7.
[131] 聂黎 . 推动山东经济文化融合发展对策研究 [J]. 理论学刊，2015，11.
[132] 石晶 . 手工纸吸水性能的改良研究 [J]. 工业技术与职业教育，2015，11.
[133] 潘德良 . 艺术创作的艺术价值分析 [J]. 江西建材，2017，9.
[134] 罗锐和 . 美术创作的艺术价值及应用探讨 [J]. 文艺生活·中旬刊，2017，10.
[135] 刘海年 . 东北地区民间剪纸艺术价值研究 [J]. 艺术教育，2017，9.
[136] 陈又林 . 现当代艺术价值探微 [J]. 电影评介，2009，4.
[137] 李迺昕 . 非物质文化遗产保护工作的社会工作介入 [D]. 华中农业大学，2012，6.
[138] 王春红 . 关于传统手工纸文化传承的相关问题 [J]. 文物修复与研究，2009，12.

[139] 韩征 . 从手工造纸工艺的传承谈非物质文化遗产的保护——新密市大隗镇手工造纸工艺探访 [J]. 中共郑州市委党校学报，2009，12.

[140] 徐印印，郭宜龄，沈俐滢 . 我国非物质文化遗产产业化发展 BRMP 评估分析——以傣族手工造纸技艺为例 [J]. 对外经贸，2016，6.

[141] 莫力 . 非物质文化遗产的现代发展 [D]. 云南大学，2014，4.

[142] 萨如拉 . 知识审计视域下非物质文化遗产保护研究 [J]. 会计之友，2014，1.

后记.

造纸术是中国古代四大发明之一，对中华文化乃至世界文明都有极大的贡献和推动作用，是世界著名的非物质文化遗产。对中国传统手工纸的研究很久以前就开始了，很多文化巨匠如潘吉星、王菊华、刘仁庆等都做了很深入的研究，为后来者开辟了道路，指明了方向，扫清了障碍。

对我国的非物质文化遗产来说，与其被动地接受保护，不如主动地研究如何树立其在现代社会中的新角色，使其被社会需要而自行生存下去。我们对传统手工纸的艺术价值、社会价值进行研究能给地方经济发展带来新的增长点，通过对其在生产、旅游、教育、科研等方面的应用研究，可以给当地人们的经济发展和生活水平带来更多的思考方式和实实在在的促进作用，实现艺术价值和经济价值的双赢发展，这种方式符合现代艺术发展的规律与方法。随着时代的发展，未来的世界应当是一个高度发达，同时又保有多样文化传统的多彩世界。目前我国传统手工纸的价值已经在社会上有了一定的认识度，在各地政府推动、企业投资与民众的共同参与中，手工纸在不久的将来一定能够重新焕发出应有的光彩。

本书有些地方不够深入，如对于全国传统手工纸的现存状况的详细的实地调查还做得很不够，很多偏远地区的手工纸难以触及。另外，手工纸在现代艺术设计中的应用效果还有待提高，因为是试验性的设计应用，还没有很成熟的工艺和技法，还有很大的提升空间。最后，在我国社会、经济、文化的发展关系及非遗保护策略方面的研究也还需继续努力，因为本团队学科结构及能力水平的问题，在政策、文化、社会等方面的认知还不够，还要加强学习。本书的作用是抛砖引玉，希望能以此为引子，吸引广大的文化和艺术工作者投入到手工纸的研究中，为我国传统手工纸文化的发展提供更好的思路和更丰富的实践经验。